図説 中国の伝統武器

伯仲《ボー・チョン》 編著
中川友 訳

マール社

中国の主要な戦いと兵乱【年表】

時代	年代	主要な戦いと兵乱
先史時代	不明	**涿鹿《たくろく》の戦い**：三皇五帝の始祖・黄帝《こうてい》が西王《せいおう》母《ぼ》の助けを借り、鬼神を操る蚩尤《しゆう》を涿鹿で破ったという。あくまで神話の世界である。
殷(商)	前1046	**牧野《ぼくや》の戦い**：殷《いん》代の末期に周の武王が殷の紂王《ちゅうおう》の大軍を破った戦い。年代は諸説あり。
西周	前771	**犬戎《けんじゅう》の鎬京《こうけい》攻略**：北方遊牧民族の犬戎によって国都・鎬京が攻略され、西周は滅亡。
春秋	前684	**長勺《ちょうしゃく》の戦い**：弱小の魯《ろ》が強大な斉《せい》軍の疲弊を待って迎撃し、勝利を収めた。
	前632	**城濮《じょうぼく》の戦い**：中原《ちゅうげん》をめぐる晋《しん》と楚《そ》の争い。奇襲と計略によって晋が圧勝。
	前575	**鄢陵《えんりょう》の戦い**：晋と楚・鄭《てい》の争い。楚の共王《きょうおう》は目を射抜かれて撤退した。
	前506	**柏挙《はくきょ》の戦い**：南方の新興勢力、呉《ご》と楚の争い。呉が大勝し、伍子胥《ごししょ》が積年の怨みを晴らした。
	前475	**姑蘇《こそ》の戦い**：越王《えつおう》・勾践《こうせん》が宿敵の呉王・夫差《ふさ》を倒し、春秋最後の覇者となった。
戦国	前341	**馬陵《ばりょう》の戦い**：斉《せい》が軍師・孫臏《そんびん》の計略によって待伏せ攻撃をかけ、魏《ぎ》軍は壊滅した。
	前296	**趙《ちょう》と中山国《ちゅうざんこく》の戦い**：武霊王《ぶれいおう》の「胡服騎射《こふくきしゃ》」政策で強大化した趙が中山国を滅ぼした。
	前279	**即墨《そくぼく》の戦い**：燕《えん》と斉《せい》の死闘。斉は田単《でんたん》の火牛《かぎゅう》の計《けい》で死地を脱し、燕軍を撃退した。
	前260	**長平《ちょうへい》の戦い**：秦《しん》が趙《ちょう》軍を巧みに包囲し、全軍45万人を殺害。秦軍の完勝に終わる。
秦	前221	**秦《しん》の天下統一への戦い**：秦は楚・韓・趙・燕・魏・斉の六国を滅ぼし、天下統一を達成。
	前207	**鉅鹿《きょろく》の戦い**：秦末の反乱軍を率いた項羽《こうう》が鉅鹿城の秦軍主力を撃破し、秦は滅亡へ。

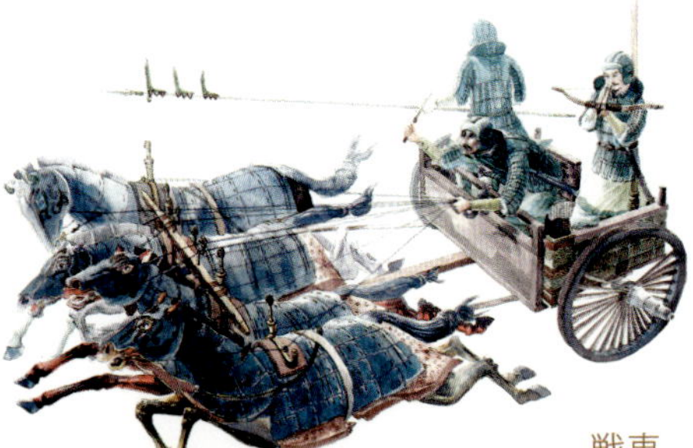
戦車

戈《か》

越王《えつおう》・勾践《こうせん》の剣

銅冑《どうちゅう》

秦の弩《ど》

秦の兵

前漢の兵

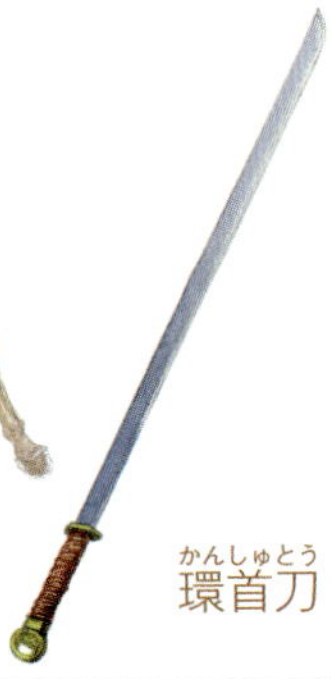
環首刀《かんしゅとう》

時代	年代	主要な戦いと兵乱
前漢	前 202	**垓下《がいか》の戦い**：長らく続いた項羽《こうう》と劉邦《りゅうほう》の楚漢戦争は「四面楚歌《しめんそか》」の中、項羽の自刃で決着。劉邦の天下統一が実現した。
	前 154	**呉楚七国《ごそしちこく》の乱**：景《けい》帝代における七国の諸侯王による内乱。周亜夫《しゅうあふ》らによって平定。
	前 119	**匈奴《きょうど》遠征**：武帝は衛青《えいせい》・霍去病《かくきょへい》らに北方遠征軍を指揮させ、匈奴を破って版図を広げた。
	前 111	**南越《なんえつ》遠征**：外征を続ける武帝は楼船《ろうせん》を主力とする水軍を派遣し、南越国を滅ぼした。
新	23	**昆陽《こんよう》の戦い**：昆陽城をめぐる新《しん》軍と緑林《りょくりん》軍との争い。新軍は壊滅し、新は 15 年で滅亡。
後漢	25	**後漢《ごかん》の天下統一**：光武《こうぶ》帝・劉秀《りゅうしゅう》が緑林軍や赤《せき》眉軍《びぐん》を鎮圧し、漢王朝を再興した。
	184	**黄巾《こうきん》の乱**：後漢末期、太平道《たいへいどう》の教祖・張角《ちょうかく》が率いた農民反乱。後漢は滅亡への道を辿る。
	200	**官渡《かんと》の戦い**：後漢の末年、北方の覇権をめぐる曹操《そうそう》と袁紹《えんしょう》の決戦。曹操が快勝した。
	208	**赤壁《せきへき》の戦い**：強力な魏《ぎ》に対抗して蜀《しょく》と楚《そ》が連合し、火攻め作戦によって勝利。天下三分、三国鼎立の形勢が確立された。
	219	**樊城《はんじょう》の戦い**：関羽《かんう》は樊城を包囲して曹操《そうそう》を追いつめるが、孫権《そんけん》に謀られて落命する。
三国	222	**夷陵《いりょう》の戦い**：関羽《かんう》の仇をとろうとした劉備《りゅうび》は呉の包囲作戦の前に大敗を喫す。
	225	**蜀《しょく》の南中平定戦《なんちゅうへいていせん》**：諸葛孔明《しょかつこうめい》率いる蜀軍は南中統治の安定を求めて南方へ遠征した。
	234	**五丈原《ごじょうげん》の戦い**：蜀と呉の戦いは持久戦の様相を呈し、諸葛孔明は五丈原で病死。「死せる孔明、生ける仲達《ちゅうたつ》を走らす」の故事も有名。
	263	**蜀《しょく》の滅亡**：鄧艾《とうがい》率いる魏の奇兵が侵入し、姜維《きょうい》の抵抗むなしく、蜀はあっけなく滅びた。

楼船《ろうせん》

蒙衝《もうしょう》

槊《さく》

矛《ぼう》

鎩《さつ》

鉄蒺藜《てつしつれい》

諸葛連弩《しょかつれんど》

時代	年代	主要な戦いと兵乱
西晋	279	**呉《ご》の滅亡**：司馬炎《しばえん》が西晋《せいしん》を建国し、長江《ちょうこう》で対峙する呉を強大な水軍で滅亡に追いやった。
	316	**西晋《せいしん》の滅亡**：八王《はちおう》の乱によって西晋は荒廃。前趙《ぜんちょう》によって長安が陥落し、西晋は滅亡する。
東晋・五胡十六国	328	**洛陽《らくよう》の戦い**：前趙《ぜんちょう》の趙陽《ちょうよう》と石勒《せきろく》が洛陽一帯で決戦し、前趙軍は大敗。翌年、後趙《こうちょう》が成立。
	351	**廉台《れんたい》の戦い**：前燕《ぜんえん》が鉄鎖連馬《てつされんば》の騎兵作戦を展開して冉閔《ぜんびん》を撃破。冉魏《ぜんぎ》は翌年に滅亡。
	383	**淝水《ひすい》の戦い**：符堅《ふけん》率いる前秦《ぜんしん》軍と東晋《とうしん》軍の渡河《とか》戦《せん》。劣勢にあった東晋が前秦を撃破。
	420	**劉裕《りゅうゆう》の北伐《ほくばつ》**：東晋の劉裕は北伐を敢行し、南《なん》燕《えん》・後秦《こうしん》を滅亡させた後、劉宋《りゅうそう》を建国。
南北朝	439	**北魏《ほくぎ》の北方統一**：北魏は後燕《こうえん》・北燕《ほくえん》・北涼《ほくりょう》を次々と滅ぼし、北方中国を統一した。
	532	**韓陵《かんりょう》の戦い**：北魏の実権をめぐる高歓《こうかん》と爾朱《じしゅ》一族との決戦。高歓が不利を覆して勝利。
	535～546	**東魏《とうぎ》と西魏《せいぎ》の戦争**：東魏と西魏が潼関《どうかん》・沙苑《さえん》・邙山《ぼうざん》・河橋《かきょう》・玉壁《ぎょくへき》で衝突を繰り返した。
	577	**北斉《ほくせい》の滅亡**：西魏《せいぎ》の実権を掌握した宇文覚《うぶんかく》が北周《ほくしゅう》を建国し、北斉を滅ぼして北方を統一。
隋	589	**陳《ちん》の滅亡**：隋《ずい》を建国した楊堅《ようけん》が50万の軍勢で陳を滅ぼし、南北分裂にピリオドを打った。
	611～618	**高麗《こうらい》遠征**：隋の煬帝《ようだい》は三度にわたって高麗へ出兵するが、ことごとく失敗に終わる。
唐	618～624	**李世民《りせいみん》の天下平定**：太宗《たいそう》・李世民《りせいみん》は隋末・唐初の混乱を収拾すべく、各地の群雄を平定した。
	629	**突厥《とっけつ》遠征**：唐は突厥《とっけつ》を撃破して西北地域を唐の版図とし、貞観《じょうがん》の盛世を実現した。

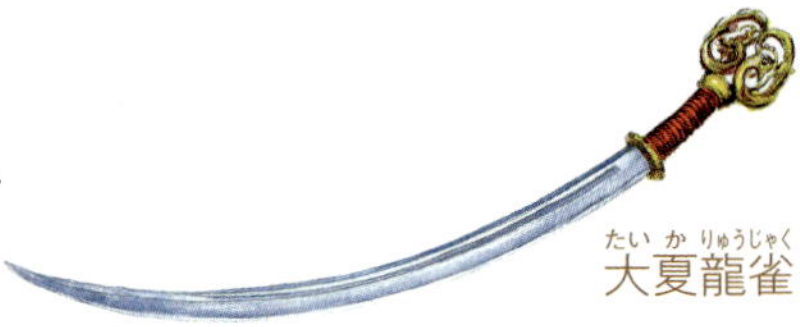
大夏龍雀《たいかりゅうじゃく》

東晋の騎兵

南北朝の騎兵

南北朝の裲襠鎧《りょうとうがい》

馬甲《ばこう》

時代	年代	主要な戦いと兵乱
唐	755～763	**安史《あんし》の乱**：安禄山《あんろくざん》・史思明《ししめい》による大規模な反乱で中国全土は極度の混乱と疲弊に陥った。
	875～884	**黄巣《こうそう》の乱**：黄巣率いる農民反乱軍の蜂起によって唐朝は自壊への道を歩み始める。
五代十国	907	**潞州《ろしゅう》の戦い**：朱全忠《しゅぜんちゅう》が後梁《こうりょう》を興し、宿敵の李《り》克用《こくよう》と潞州で対決したが、苦杯をなめる。
	923	**後梁《こうりょう》の滅亡**：李克用の子・李存勗《りそんきょく》が梁都を奇襲して後梁を滅亡させ、後唐を興す。
	936	**後唐《こうとう》の滅亡**：石敬瑭《せきけいとう》が後唐を滅ぼして後晋を興し、援助した契丹《きったん》に燕雲《えんうん》十六州を割譲。
	946	**後晋《こうしん》の滅亡**：石重貴《せきじゅうき》が即位してから後晋は契丹と対立し、開封《かいほう》を攻略されて滅亡。
	947	**後漢《こうかん》の建国**：後晋の大将・劉知遠《りゅうちえん》が契丹（遼《りょう》）の開封撤退後に後漢を興した。
	951	**後周《こうしゅう》の建国**：重臣・郭威《かくい》の反乱に触発されて後漢の隠《いん》帝は殺害され、後周が建国された。
	955～959	**柴栄《さいえい》の進攻**：後周の名君・柴栄が、北漢《ほくかん》・後蜀《こうしょく》・南唐《なんとう》・遼《りょう》に進攻し、天下統一の機運を醸成。
北宋	963～979	**北宋《ほくそう》の天下統一**：後周の後をうけて趙匡胤《ちょうきょういん》が宋を建国し、群雄《ぐんゆう》を平定した。北宋以降、中国では※冷兵器と火器の併用が始まる。
	979～1004	**遼《りょう》との戦争**：宋と遼は戦力が拮抗したが、「澶《せん》淵《えん》の盟」を結び、百年の和平が実現した。
	1114～1125	**金遼《きんりょう》戦争**：遼に隷属を強いられていた女真族《じょしんぞく》が金を建国し、遼を滅亡させた。
南宋	1127	**北宋《ほくそう》の滅亡**：金はさらに北宋へ進攻し、開封が陥落。宋は南遷した。その後百年、金と南宋は相互に進攻を繰り返した。
	1234～1279	**蒙宋《もうそう》戦争**：モンゴルが金を滅ぼし、南宋と対決。襄陽《じょうよう》を攻略して南宋を滅ぼした。同時期に日本遠征（元寇《げんこう》）も試みるが失敗。

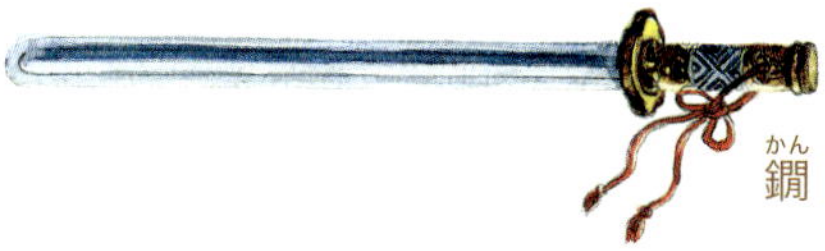
鐧《かん》

鞭《べん》

唐代の明光鎧《めいこうがい》

唐代の騎兵

宋代の武将

大斧《だいふ》

※冷兵器と火器：火薬を使わない兵器を「冷兵器」、使う兵器を「火器」と呼ぶ。

時代	年代	主要な戦いと兵乱
元	1351～1368	**紅巾《こうきん》の乱**：白蓮《びゃくれん》教徒を中心にした農民反乱。紅巾党の中から朱元璋《しゅげんしょう》が登場して元は滅亡。
明	1399～1402	**靖難《せいなん》の役《えき》**：明《みん》初の内乱。建文《けんぶん》帝に対抗した燕王・朱棣《しゅてい》のクーデターが成功し、永楽帝《えいらくてい》となる。
	1449	**土木堡《どぼくほ》の変**：モンゴルのオイラートとの戦い。明軍は壊滅し、英宗《えいそう》が捕虜となった。
	1449	**北京《ペキン》防衛戦**：于謙《うけん》の指揮の下、明軍が優秀な火器を使用して北京の防衛に成功した。
	1592～1598	**高麗《こうらい》への出兵**：豊臣秀吉の進攻に対抗し、高麗からの要請に応じて出兵。秀吉軍を撃破。
	1619	**サルフの戦い**：ヌルハチ率いる後金《こうきん》と明の決戦。兵力を集中させた後金の圧勝に終わる。
	1644	**明《みん》の滅亡**：李自成《りじせい》率いる反乱軍によって明は滅亡。呉三桂《ごさんけい》は清《しん》軍を関内《かんない》に引き入れた。
清	1659	**鄭成功《ていせいこう》の南京《ナンキン》進攻**：明朝復興を志す鄭成功率いる国姓爺《こくせんや》軍が南京攻略を目指すが、失敗。
	1661	**台湾奪還**：鄭成功《ていせいこう》の水軍が台湾を攻略。38年に及ぶオランダの植民地支配を終結させた。
	1673～1681	**三藩《さんぱん》の乱**：呉三桂《ごさんけい》・尚之信《しょうししん》・耿《こう》精忠《せいちゅう》が清朝に対して起こした内乱。康熙《こうき》帝によって平定。
	1685～1686	**ヤクサの戦い**：アルバジン砦（ヤクサ城）をめぐる帝政ロシアとの戦い。清軍は紅夷《こうい》砲《ほう》を大量に投入してロシア軍を圧倒した。
	1840～1842	**アヘン戦争**：イギリスの近代的な軍事力の前に清国水軍は壊滅。これ以降、中国は列強の侵略にさらされることになる。

元の兵

突火槍《とっかそう》

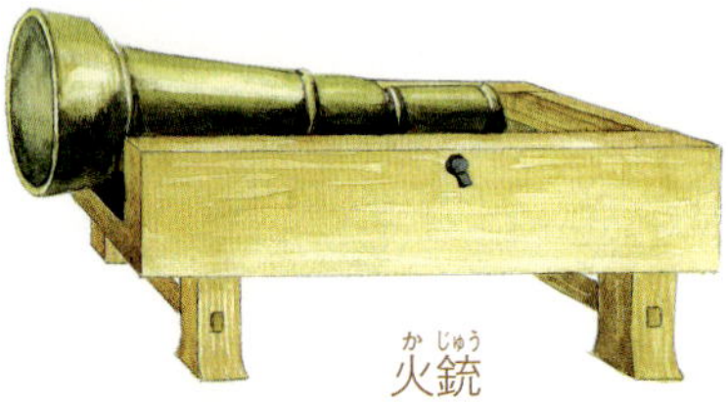
火銃《かじゅう》

万人敵《ばんにんてき》

狼筅《ろうせん》

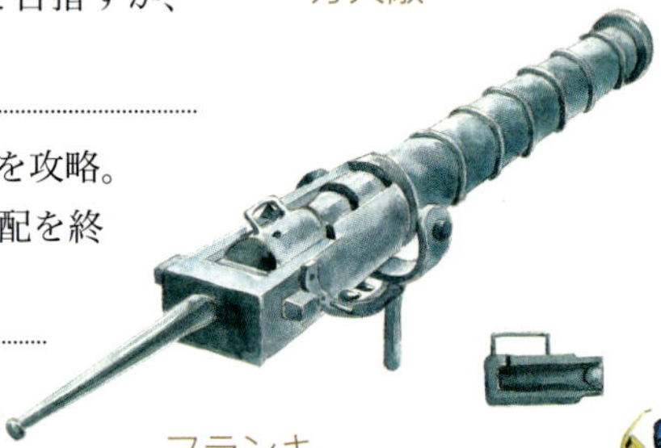
フランキ

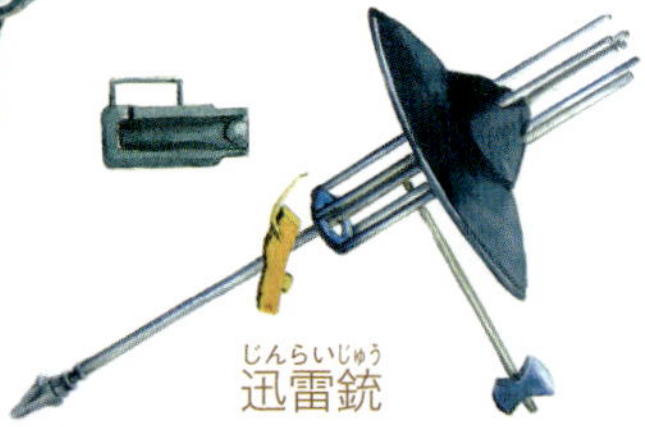
迅雷銃《じんらいじゅう》

神威無敵大将軍砲《しんいむてきだいしょうぐんほう》

はじめに

古来より「国の大事は、祭祀と軍事である」(春秋左氏伝《しゅんじゅうさしでん》) とされてきたように、中国では戦争にそのまま直結する武器の製造と開発に大きな力を注いできました。そこには歴代の文化や歴史、そして科学技術と芸術、技芸のすべてが込められ、中華民族固有の味わいに満ちています。

中国における武器の発展には長い歴史的プロセスがあり、その萌芽は原始社会にまで遡ります。当時の人類は自然界にある石や竹木、骨や角を加工して弓矢や刀、矛、棍棒といった道具をこしらえました。社会の階級分化が進み、部族間で争いが生じるようになると、多くの生産用具が武器に姿を変えました。その後、武器の製造技術は向上し続け、生産規模も日ごとに拡大していきました。

殷・周代に登場した青銅は、石器に代わって非常に重要な素材となりました。当時は戦車戦が主流で、引っかけたり突いたりする兵器が広く普及しました。青銅製兵器の発達とともに、戦車・戦船・弓箭《きゅうせん》・皮甲《ひこう》・盾《じゅん》・雲梯《うんてい》なども最新の工芸技術を積極的に取り込んでいます。

春秋戦国時代から宋代までは鉄器の時代と言えるでしょう。騎兵が軍隊の主力となり、矛《ぼう》や戟《げき》など突き刺す武器が普及し、刀《とう》や斧《ふ》といった斬りつける武器も増え始めました。弓弩《きゅうど》の射程距離も伸び、造船技術も発達し、抛石機《ほうせきき》のような長距離射撃兵器も出現しています。宋代からは火薬が用いられるようになり、燃焼・爆発・管状の三大火器があいついで登場しました。これ以降、中国の兵器は火器と鉄器の併用時代に入り、その状況は清朝末年まで続きました。

本書は中国の伝統的な武器・兵器のバリエーションや発展過程を振り返り、その基本的な形態と古代の科学技術について解説を加えたものです。本書に収められた数多くの図版は、中国の伝統的な武器のさまざまなあり方を具体的に示したものです。これが読者の皆様の理解の助けとなれば幸いです。

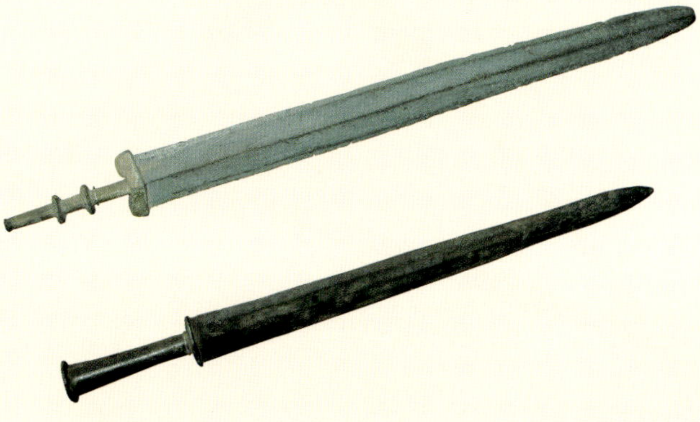

目次

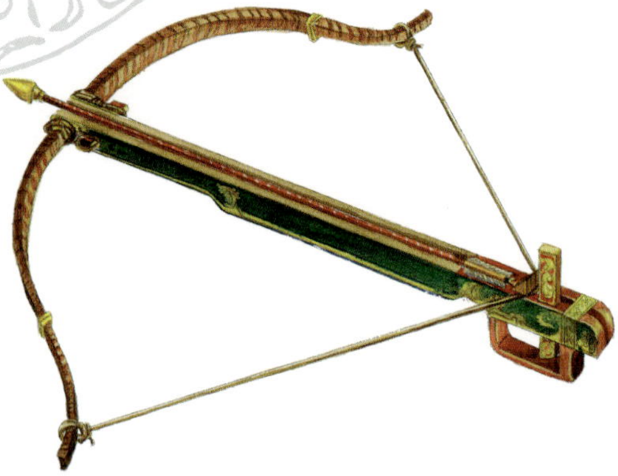

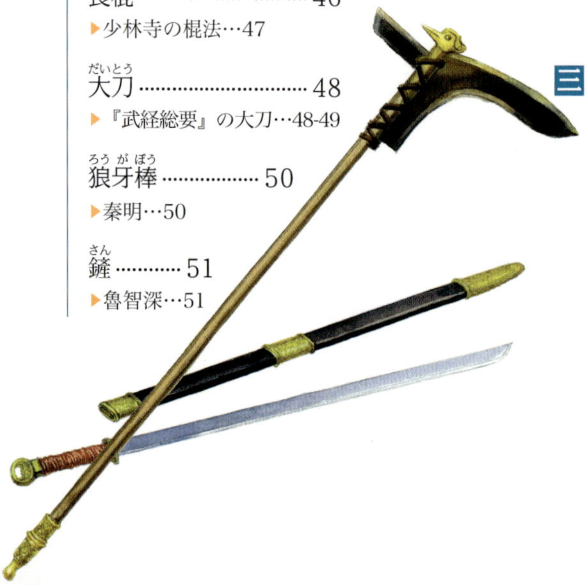

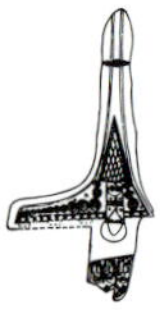

図説 中国の伝統 武器

▶＝武器・武具名
▶＝コラムなど
◆＝大きな図版

八 戦船 159

九 城砦攻防兵器 171

一

投射兵器

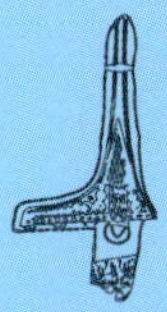

投射兵器《とうしゃへいき》とは物体を飛行させて敵に攻撃を加える武器を指す。遠距離から攻撃できる投射兵器は、火器が出現するまで軍事的にきわめて重要な武器であった。

古代の投射兵器を代表するのが弓《きゅう》と弩《ど》である。弓は石器時代に登場して以降、武器として長らく使われてきたが、中国北方の遊牧民族はとりわけ騎馬による弓の使用を得意とした。弩の出現もかなり早く、戦国時代に本格的な改良を重ねた。弩による攻撃は正確で威力も大きいため、火薬をまだ使用しない「冷兵器《れいへいき》」の時代に弩は「遠距離射撃の王」であった。人力だけで飛ばす投射兵器は、標槍《ひょうそう》や飛石索《ひせきさく》を除けば、おおむね奇襲や護身、暗殺用に使う「暗器《あんき》」である。

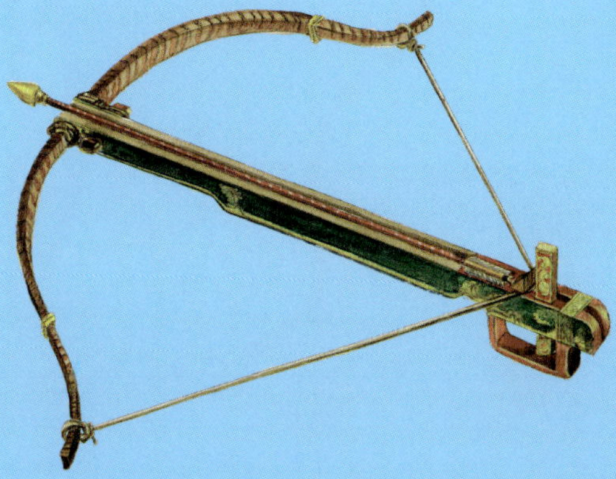

弓（きゅう）

弓《きゅう》は石器時代からの長い歴史を持つ発射兵器である。弓は本体と弦の二部分からなり、弦をひいて弓がしなることで蓄積されるパワーを瞬間的に解き放ち、箭《せん》（矢）または弾丸を発射する仕組みである。

原始時代の弓はいたって素朴で、曲がった木の枝を弓の本体にし、皮や植物繊維や綱を強く張って弦にし、それで石や骨を飛ばした。もともと弓は鳥や魚などを射る狩猟用に作られたが、虎や豹など獰猛な動物を遠距離から攻撃する際にも使われた。青銅器時代に弓は狩猟と戦争のための重要な武器となり、春秋戦国時代には最も重要な兵器として位置付けられた。王侯貴族や武将の子弟は子供の頃から弓射の訓練に励んだ。

漢・魏代になるとより実戦向きとなり、歩兵戦・水戦・騎兵戦用に各種の弓が製作された。当時もてはやされたのは、馬に騎乗し強弓で左右に射る技である。『後漢書《ごかんじょ》』によると、後漢末年の董卓《とうたく》は怪力の持ち主で、馬を高速で走らせながら左右に矢を連射して敵を震えあがらせたという。唐代の弓は長弓《ちょうきゅう》・角弓《かくきゅう》・稍弓《しょうきゅう》・格弓《かくきゅう》の四種に分けられる。長弓は歩兵戦に、角弓は騎兵戦に使用された。稍弓と格弓は狩猟と朝廷を守る禁衛軍《きんえいぐん》用に使われた。

伝説の涿鹿《たくろく》の戦いの昔から、戦端は弓によってひらかれた。遠距離から攻撃できる弓によって機先を制することは戦争の常道であるからだ。攻城戦、伏兵奇襲戦、陣地戦を問わず、あらゆる戦闘場面で弓は重宝された。火器が出現してからも、弓はその便利さと的中率の高さから清朝の末年まで軍隊で使用された。

漢字の「弓」

「弓」は象形文字で、非戦闘時の弦を張った弓の姿を表している。弓には「烏号《うごう》」「潘尚書《はんしょうしょ》」「活《かつ》」「弭《び》」「曲張《きょくちょう》」などの別名がある。

彎弓《わんきゅう》

甲骨文

楷書

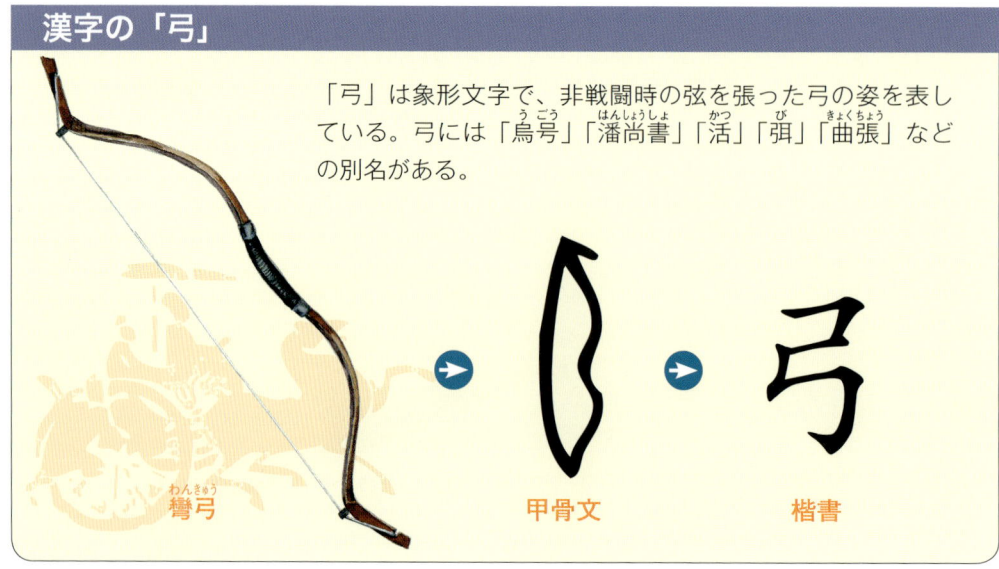

弓射の方法

古代の弓はあまり大きくないが弾力性に富み、弦もよく伸びる。矢をつがえて強くひきしぼった時、弦は鋭角を描くので親指一本でひっかけると具合がよい。親指には保護用のリングをはめ、弦をひく時には人差し指と中指で親指をおさえる。

このリングは古代には韘《しょう》・抉《けつ》と呼ばれたが、後世では扳指《はんし》と呼ぶことが多くなった。親指用の保護リングは殷代に現れ、戦国時代から前漢代にかけて大いに使われた。清代でも騎射が盛んであったため広く用いられたが、時代が下るにつれ元来の実用性が薄まり、一種の装飾品となっていった。材質は象牙や皮革などであるが、最高級品はヒスイ製である。

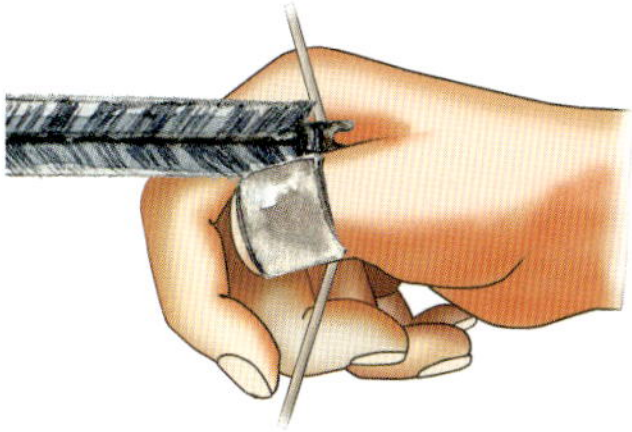

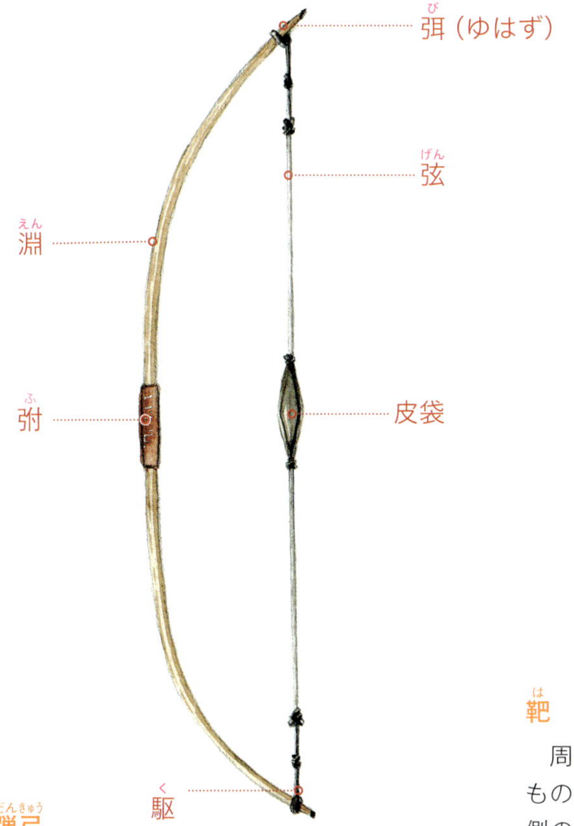

弾弓《だんきゅう》

弾弓《だんきゅう》は通常の弓より小ぶりで、弦に弾丸を発射するための皮袋がついている。発射される弾丸は球形で、泥弾（乾燥粘土）・石弾・鉄弾・陶弾（焼いた粘土）など材質はさまざまである。

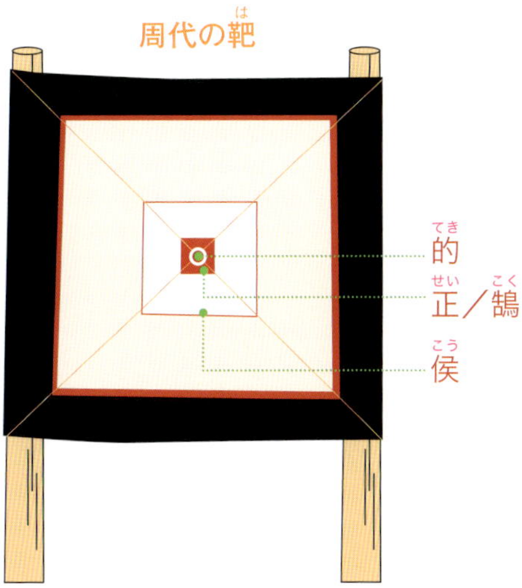

靶《は》

周代に射的訓練用に使われた靶《は》は四角いものが多く、木枠に布や皮を張る。靶《は》の外側の四角を「侯《こう》」、内側の四角を「正《せい》」または「鵠《こく》」と呼ぶ。中心部分の小さな円は「墊《てん》」「的《てき》」「招《しょう》」と呼ぶ。ここに命中させるのが最も難しい。「的を射る」「正鵠《せいこく》を射る」という慣用句の本来の意味は、この靶《は》の中心を射抜くことである。

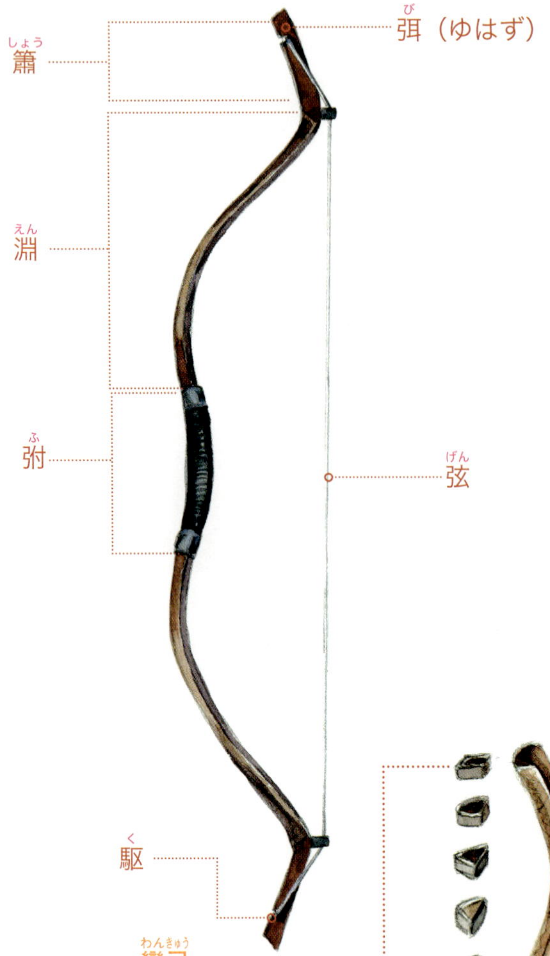

彎弓《わんきゅう》

直弓《ちょくきゅう》

直弓はまっすぐな木または竹に弦を装着したものである。

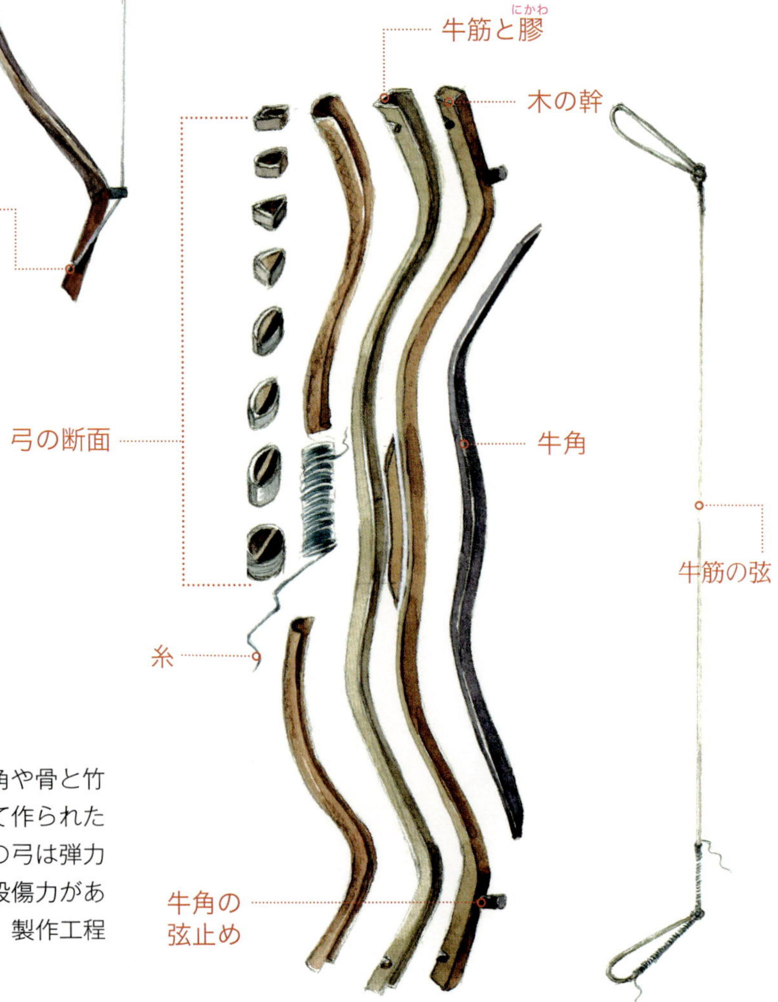

合成弓《ごうせいきゅう》

合成弓は動物の角や骨と竹などを組み合わせて作られた弓である。この種の弓は弾力性に富んで大きな殺傷力があり、射程も長いが、製作工程が複雑で難しい。

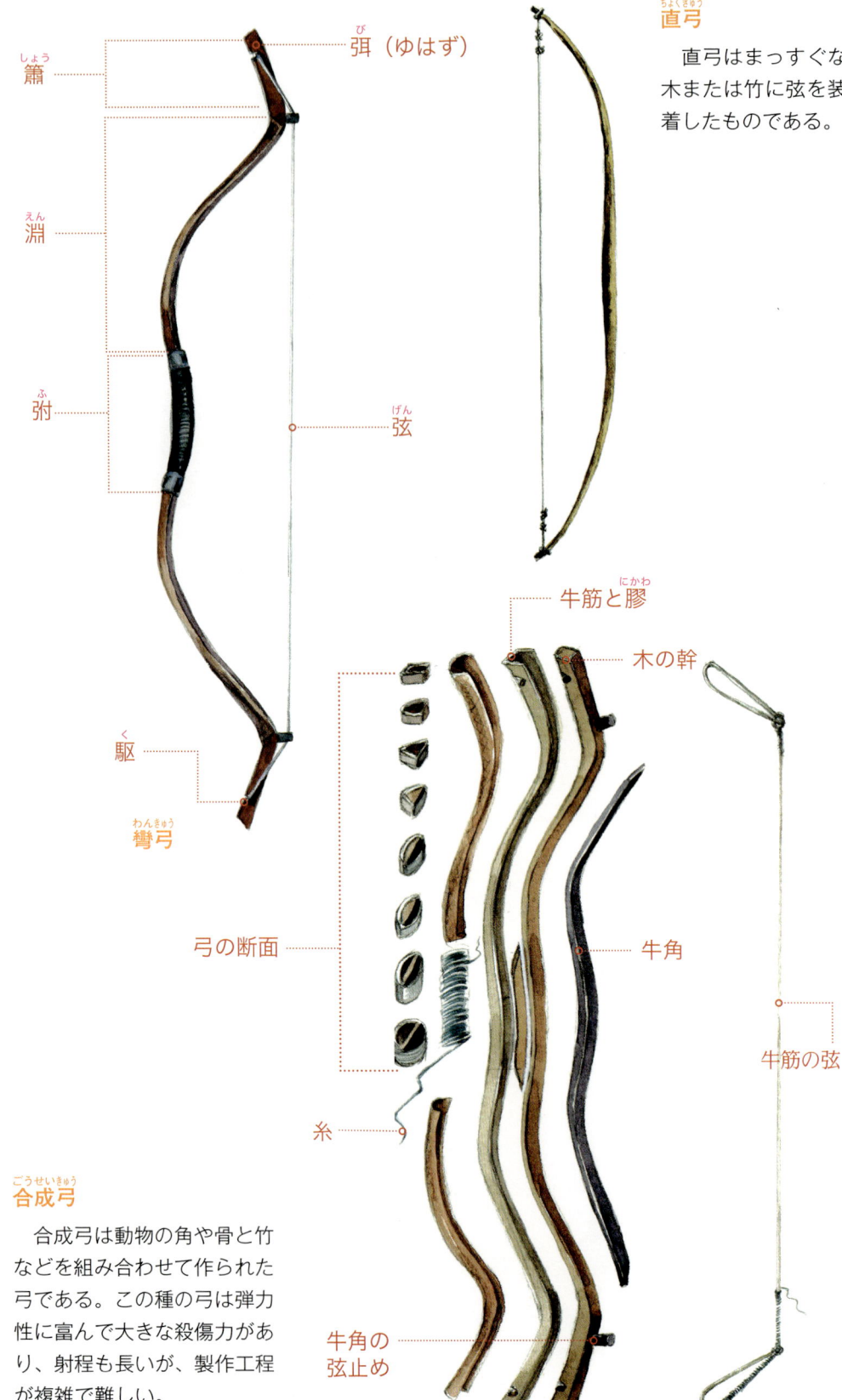

弓の製作

弓は戦争で使う重要な遠距離射撃兵器であり、材料の選択と製作では厳格に手順が守られた。古代の弓の製作は、材料採取の季節や加工して製作する時の気候を配慮した。そのため、一張の良弓を製作するには職人が数年をかける必要があった。

弓の反発力は原材料に負うところが大きいので、材料には竹や強靭なしなりを備えた木材が使われ、さらに牛の角、牛の筋、膠《にかわ》、漆《うるし》を加えて製作される。

弓を製作し終わると、十日から二カ月をかけてしっかりと乾燥させる。乾燥後の弓は分銅などで所定の反発力があるかどうか測定する。原材料の特質から、乾燥する秋と冬に弓の力は強まり、湿度の高い春と夏は弓の力が落ちる。これが北方遊牧民族がいつも秋に戦争を仕掛けてきた一因でもある。

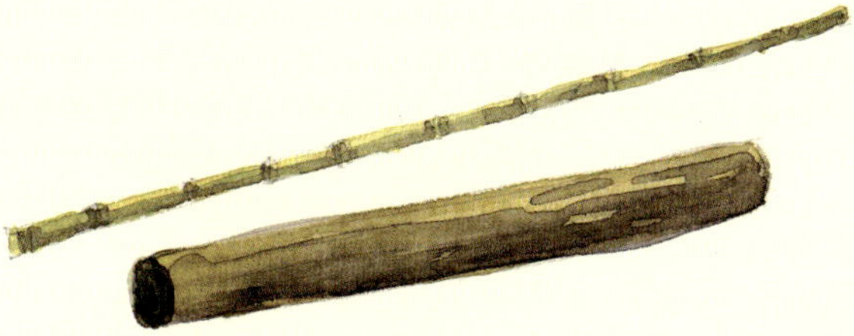

①竹と木材の選択
春夏に伐採した竹や木材は虫食いのおそれがあるので使わない。竹のない北方では木材が主である。

②牛角
ふつう一張の弓には二枚の牛角を用いる。

③牛筋
牛筋を完全に乾燥させてから水にひたし、糸縄状にする。

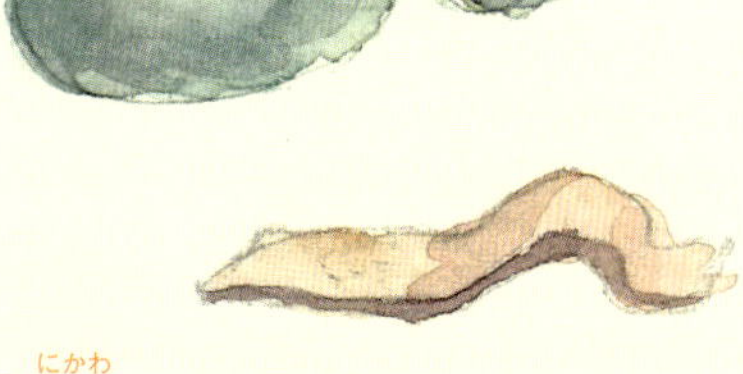

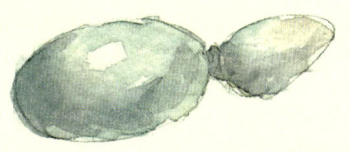

④ 膠《にかわ》
魚の浮き袋（鰾《ふえ》）や豚皮などを煮つめてから、水気がなくなるまで乾燥させる。

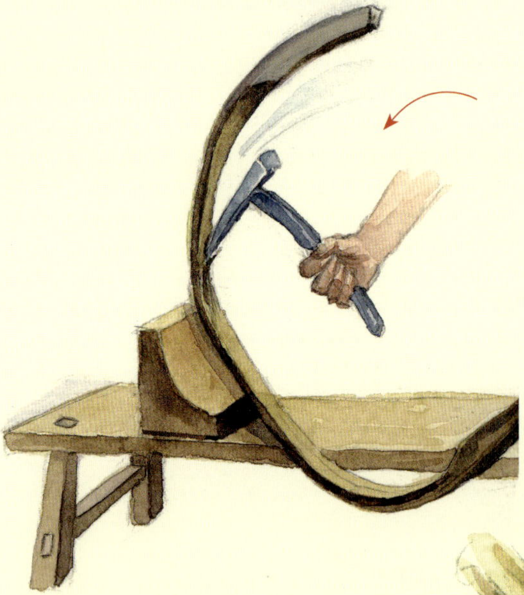

⑤弓の本体（幹）を作る

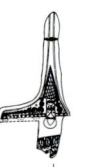

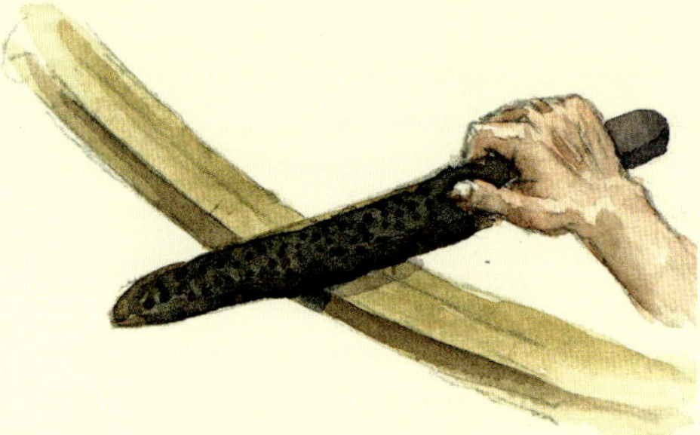

⑥やすりをかける

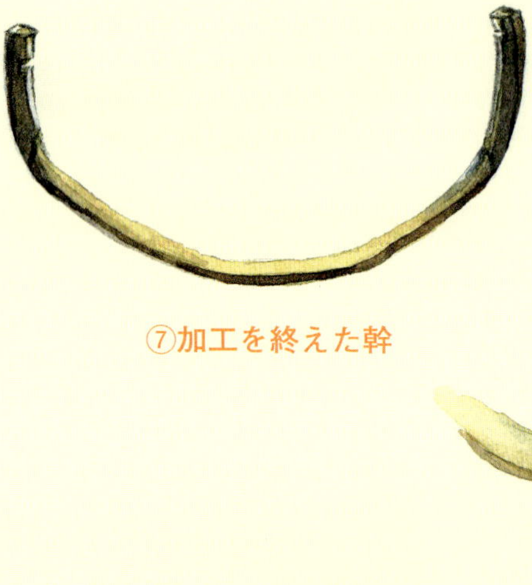

⑦加工を終えた幹

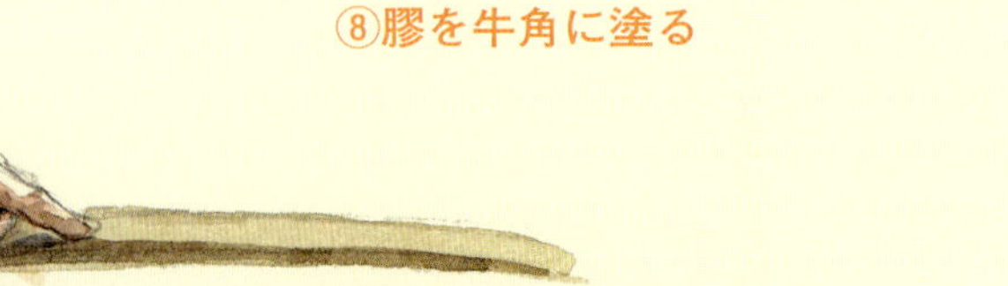

⑧膠を牛角に塗る

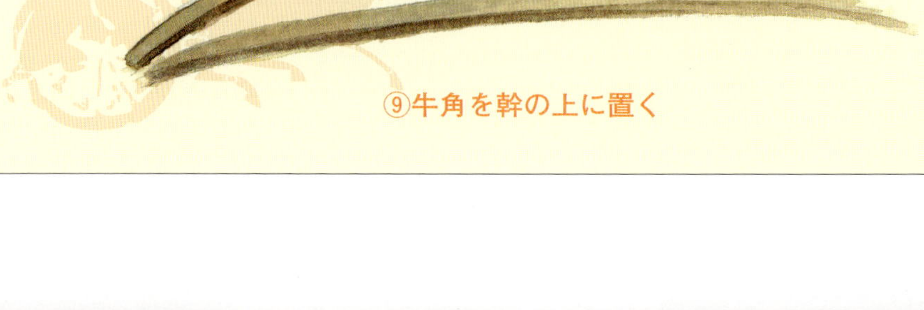

⑨牛角を幹の上に置く

⑩膠で牛角と幹を貼りあわせる

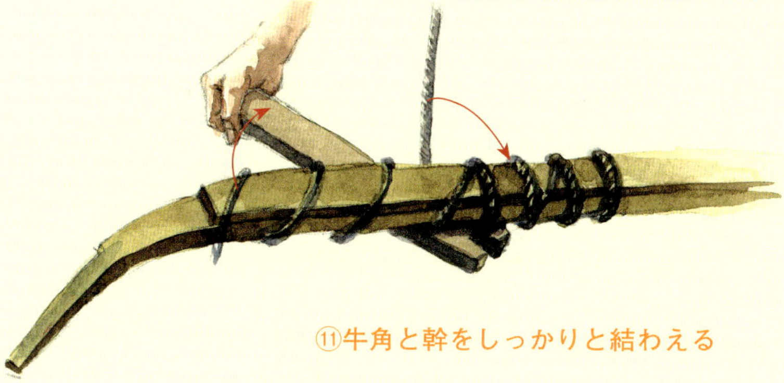

⑪牛角と幹をしっかりと結わえる

⑫膠で糸縄状の牛筋を幹に貼りあわせる

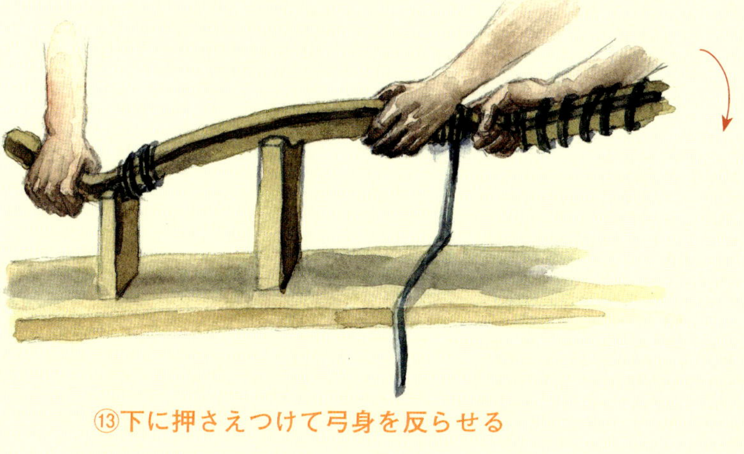

⑬下に押さえつけて弓身を反らせる

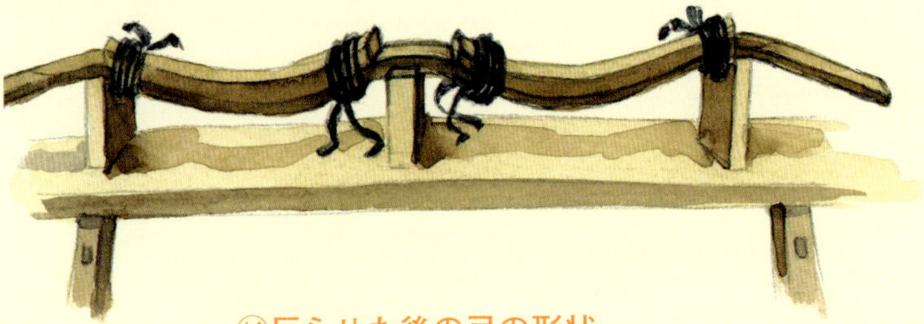

⑭反らせた後の弓の形状

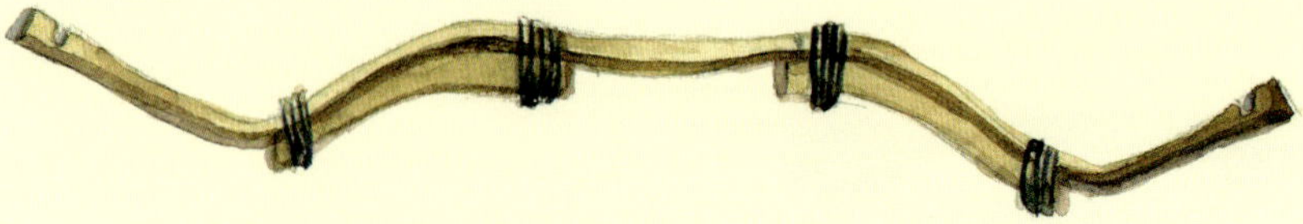

⑮反らせる工程を繰り返した後の
最終的な弓の形状

弭《び》（ゆはず）

弭《び》は桑の木で作り、幹の末端にはめこむ。外からの力ではずれたり壊れたりしないよう釘で固定する。

漆《うるし》

漆を淵《えん》の部分に塗る。各部の接着の強度を増すためと防水用である。

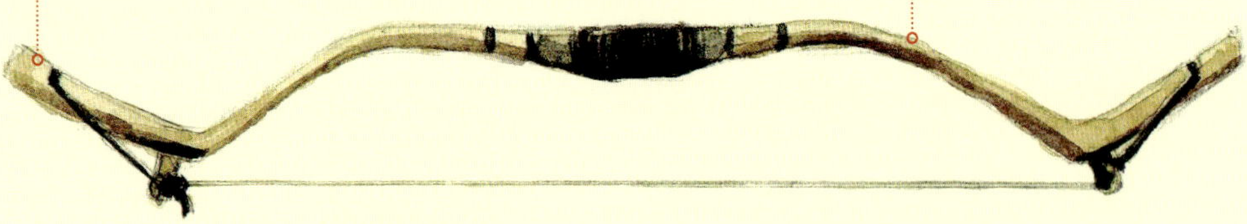

⑯弦を張る

北方遊牧民族は牛筋で弦を作るので水の影響を受けない。黄河流域を広く含む中原《ちゅうげん》地域では絹糸を用いるので、防水のために蝋《ろう》を塗る。弦の両端には環《かん》（リング）があり、弭《び》（ゆはず）とつながるようになっている。幹の中央には樺《かば》の樹皮を巻きつけ、握りやすくする。

射礼（しゃれい）

弓射《きゅうしゃ》の技能はつねに重視された。春秋戦国時代、射芸は公卿大夫が修得すべき「六芸《りくげい》」の一つであり、君主の会盟《かいめい》や宴席での披露は一種の礼儀とみなされた。漢代では射芸を教える機関がたくさん設立された。前漢代には毎年秋に辺境の軍人に弓の腕前を試験をすることが定められ、賞罰が下された。これを「秋射《しゅうしゃ》」と呼ぶ。

後漢代の画像磚《がぞうせん》「弋射収穫図《かしゃしゅうかくず》」（部分）

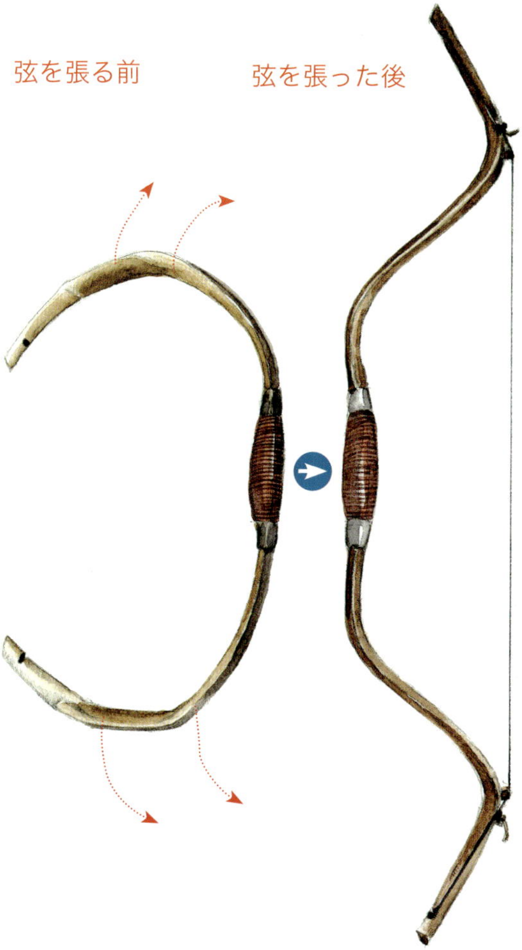

反曲弓《はんきょくきゅう》

弓身を反らせて弦を張るタイプの弓を反曲弓と呼ぶ。

箭箙《せんふく》

竹や木、獣皮で作った箭を収納する入れ物。唐代の箭箙は縦長の形のものが多く、以後、歴代にわたって踏襲《とうしゅう》された。

弓嚢《きゅうのう》

弓を収納する入れ物。

弓の名手

弩《ど》と比べて、弓を射るには強い腕力としっかりとした訓練が必要である。まして馬上で矢をつがえ、弓をひき、目標に命中させるには高度な技術が不可欠である。中国の歴史には、神業とも言える超絶的な技術を持った弓の名手が次々に登場している。

実在した神業の持ち主たち

▶養由基《ようゆうき》（前6世紀頃）

戦国時代の楚の将軍。「百発百中」の語源ともなった人物で、「神箭養叔《しんせんようしゅく》」とも称される。『戦国策《せんごくさく》』によると、養由基は百歩離れた場所から三枚の柳の葉を指示した通り次々と射落としたという。

楚《そ》と晋《しん》が衝突した鄢陵《えんりょう》の戦い（前575年）で、楚の共《きょう》王が左眼を晋の魏錡《ぎき》に射られた。共王は養由基に二本の矢を与え、仇をとれと命じた。養由基は一本の矢で魏錡を射殺し、残った一本を携えて共王の前に戻った。そのため「養一箭《よういっせん》」とも呼ばれた。

▶李広《りこう》（～前119年）

前漢の名将で生涯を匈奴《きょうど》との戦いに捧げ、匈奴からは「飛将軍《ひしょうぐん》」と呼ばれて怖れられた。李広は長身で、弓射にかけては無双の達人であった。『史記』によると、ある日、李広が猟に出かけ、草むらで虎を発見して弓を射た。実はそれは虎ではなく岩であったが、李広の矢は岩に突き刺さっていたという。李広は朴訥《ぼくとつ》かつ誠実な武人で、司馬遷《しばせん》は「桃李《とうり》はもの言わざれど、下自《したおの》ずから蹊《こみち》を成す」とは彼のような人柄を指す言葉だと評している。

▶薛仁貴《せつじんき》（614～683）

唐の初め、貞観《じょうがん》年間に高麗《こうらい》に遠征した際、薛仁貴は白衣を着て戟《げき》を持ち、二張の弓を腰にかけて先頭に立った。「弓の音がするたびに敵が倒れる」活躍で敵を破ったため、「白衣神箭《はくいしんせん》」と呼ばれた。

661年、ウイグルの比粟毒《びそくどく》が十余万の手勢を率いて唐に反旗を翻し、薛仁貴は天山に赴いた。比粟毒の勇者数十名が戦いを挑んできたが、薛仁貴が三本の矢を連射すると三人がどっと倒れた。敵軍はたちまち戦意を喪失し、降伏した。唐軍は「将軍は三矢《し》で天山を制した」と歌ったという。

古典小説に登場する弓の名手たち

▶『三国志演義《さんごくしえんぎ》』の黄忠《こうちゅう》

黄忠は『三国志演義』で蜀《しょく》の五虎将軍の一人に数えられる武将である。還暦を越える老将でありながら、天下無双の弓術を誇った。

黄忠は韓玄《かんげん》の配下として、長沙《ちょうさ》に攻め寄る関羽《かんう》と対決し、三日間勝負がつかなかった。関羽と一騎打ちになったとき、黄忠の馬が前足をくじいて倒れたが、関羽はあえて黄忠の命を取らなかった。黄忠は関羽の義気に感じ、次の日、韓玄に関羽を射取れと命じられた際、関羽の兜の緒に命中させて命は取らなかった。

▶『隋唐演義《ずいとうえんぎ》』の王伯当《おうはくとう》

王伯当は『隋唐演義』では瓦崗寨《がこうさい》第六位に位置付けられ、弓の名手として知られる。別号は勇三郎。

好漢たちが山東で反乱を企てたとき、王伯当は済南《さいなん》の知府《ちふ》の孟洪公《もうこうこう》とその配下の将官をことごとく射殺した。後に隋唐第九位の好漢である魏文通《ぎぶんつう》も王伯当の手にかかって殺されることになる。

▶『水滸伝《すいこでん》』の花栄《かえい》

『水滸伝』中の花栄は剛弓《ごうきゅう》を使いこなす弓の名手であり、「小李広《しょうりこう》」の別号で呼ばれる。彼は圧倒的な弓術によって好漢たちを心服させ、梁山泊《りょうざんぱく》の英雄のなかでも第九位に列し、馬軍八虎騎《ばぐんはっこき》ならびに先鋒使《せんぽうし》の筆頭を務めた。

花栄は清風寨《せいふうさい》の襲撃では弓で敵兵を蹴散らし、祝家荘《しゅくかそう》の戦いでは相手の指示灯を射落として敵軍を混乱に陥れた。

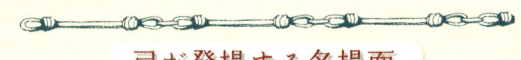

弓が登場する名場面

▶『三国志演義《さんごくしえんぎ》』の「轅門射戟《えんもんしゃげき》」

『三国志演義』中の最強の武将である呂布《りょふ》は、袁術《えんじゅつ》と劉備《りゅうび》の激突を回避させるために一計を案じる。本陣から百五十歩離れた轅門（陣屋の門）の上に戟《げき》を立たせ、そこに描かれた枝を射抜いたら戦いをやめよと約束させたうえで、みごとに射抜いたのである。後世の詩はこう歌っている。

温侯《おんこう》（呂布）の神射《しんしゃ》　世間にたぐいなく
曽《かつ》て轅門《えんもん》に向かいて　独《ひと》り危《あやう》きを解けり

▶『三国志演義《さんごくしえんぎ》』の銅雀台《どうじゃくだい》での腕比べ

魏《ぎ》の曹操《そうそう》は銅雀台の落成を記念して武将を集め、弓の腕比べをさせる。曹休《そうきゅう》、文聘《ぶんぺい》、曹洪《そうこう》、張郃《ちょうこう》の四人が次々と的にあてて喝采を浴びるが、夏侯淵《かこうえん》が現れて四本の矢のど真ん中に命中させる。次に徐晃《じょこう》が登場し、ほうびの錦袍《きんぽう》がかかっている柳の枝を射落として自分のものにしようとする。しかし、それを奪おうとする許褚《きょちょ》と乱闘になり、結局、錦袍はずたずたに引き裂かれてしまう。曹操はただただ笑うばかりであった。

▶『隋唐演義《ずいとうえんぎ》』の秦叔宝《しんしゅくほう》の鷹狩り

『隋唐演義』の主人公・秦叔宝は北平《ほくへい》王の練兵場で、武将たちが百歩離れた場所から槍を投げて命中させる光景に出くわすが、「奇とするに足りない」、飛ぶ鷹を射落としてこそ真の武将だと言い放った。ところが鷹は眼がきくので、秦叔宝が矢を射てもすぐに気配を察し、秦叔宝の矢立の中に逃げ込んでしまった。そこで、側にいた羅成《らせい》がこっそり射て鷹をしとめ、秦叔宝の武名を上げた。

弩(ど)

弩《ど》は手に持つ部分と「発射遅延構造」を備えた弓である。『呉越春秋《ごえつしゅんじゅう》』に「弩は弓から生まれた」とあるように、強くひきしぼったエネルギーを解放することで箭《せん》（矢）を前方に発射するという点で、弩と弓の原理は同じである。違うのは、弓は縦で弩は横向きにすること、弓はすべて人力を用いるのに対し、弩《ど》は機械装置を使う点である。弩《ど》はまず弦をひいて固定し、ゆっくりと照準を定め、機をみて発射する。弓と比べて、より強力な箭を発射できるだけでなく、射程距離も長くなり、精度も大幅に向上した。

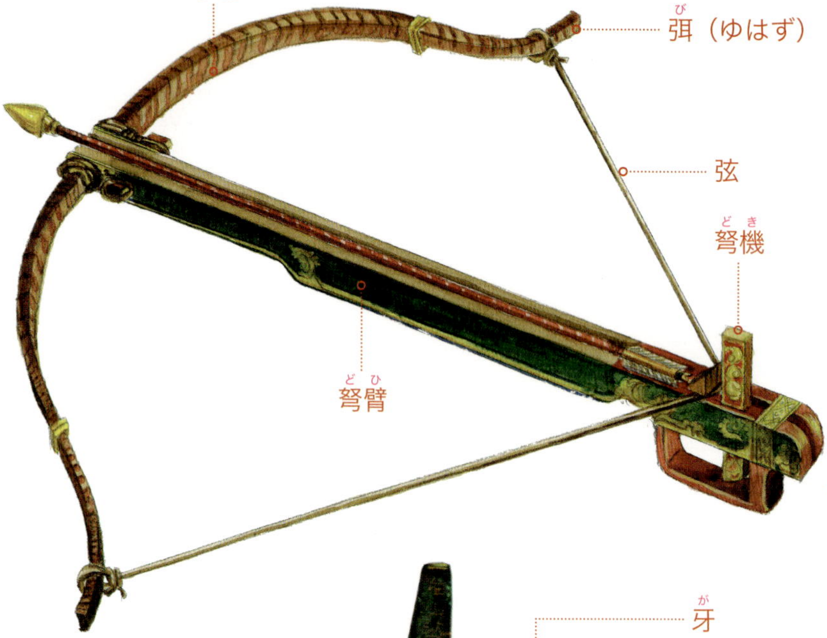

秦代の弩《ど》

牙《が》
弦をかける二つの歯型の突起。左右対称で、片方の歯の後部は望山《ぼうざん》になっている。牙《が》は弩機を操作するハンドルであり、望山は照準器の役割を果たす。

牛《ぎゅう》
牛《ぎゅう》は牙《が》と懸刀《けんとう》をつなぐレバーである。弧形のくぼみが二つの歯の間に合わさり、下の先端が懸刀の上部のくぼみにはまる。

弩の発射の仕組み

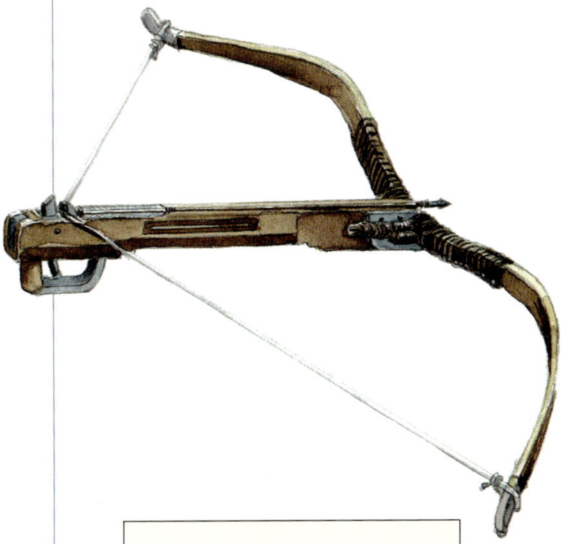

弓を望山に触れるまでひきしぼると牙が上昇し、牛が連動して下部の先端が懸刀《けんとう》のくぼみにはまり、弩機《どき》はセットされた状態になる。弦が牙《が》の二つの歯にかかってから箭《せん》を弩臂《どひ》にうがたれた溝（矢道）に置き、箭の末端を歯の間の弦に固定する。

発射は、引き金にあたる懸刀を後ろに引くことで行う。懸刀を引くと牛がはずれ、支えを失った牙が下に沈み、弓の張力が解放されて箭が発射される。

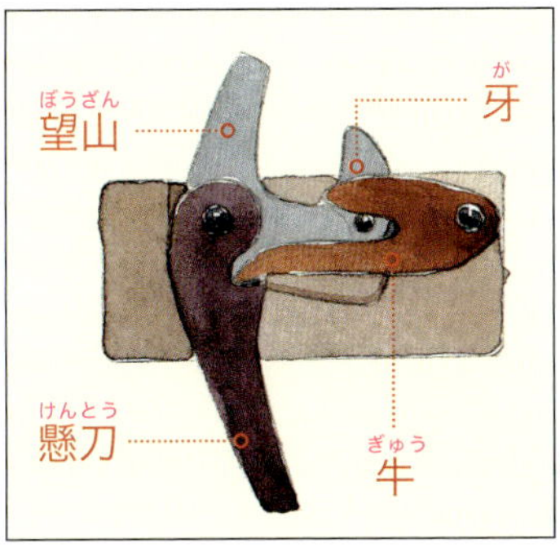

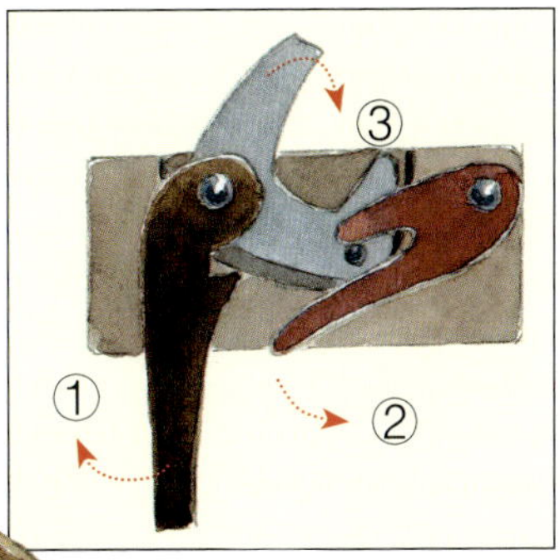

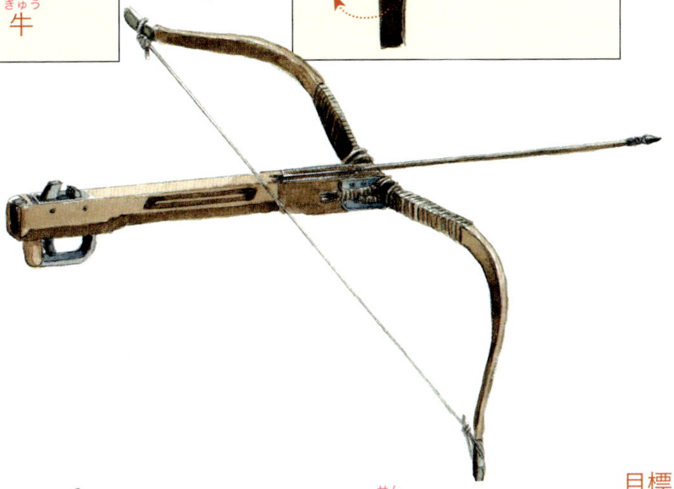

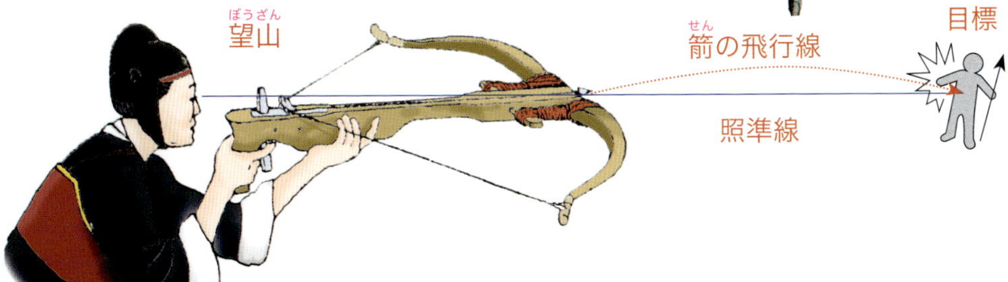

望山《ぼうざん》の使い方

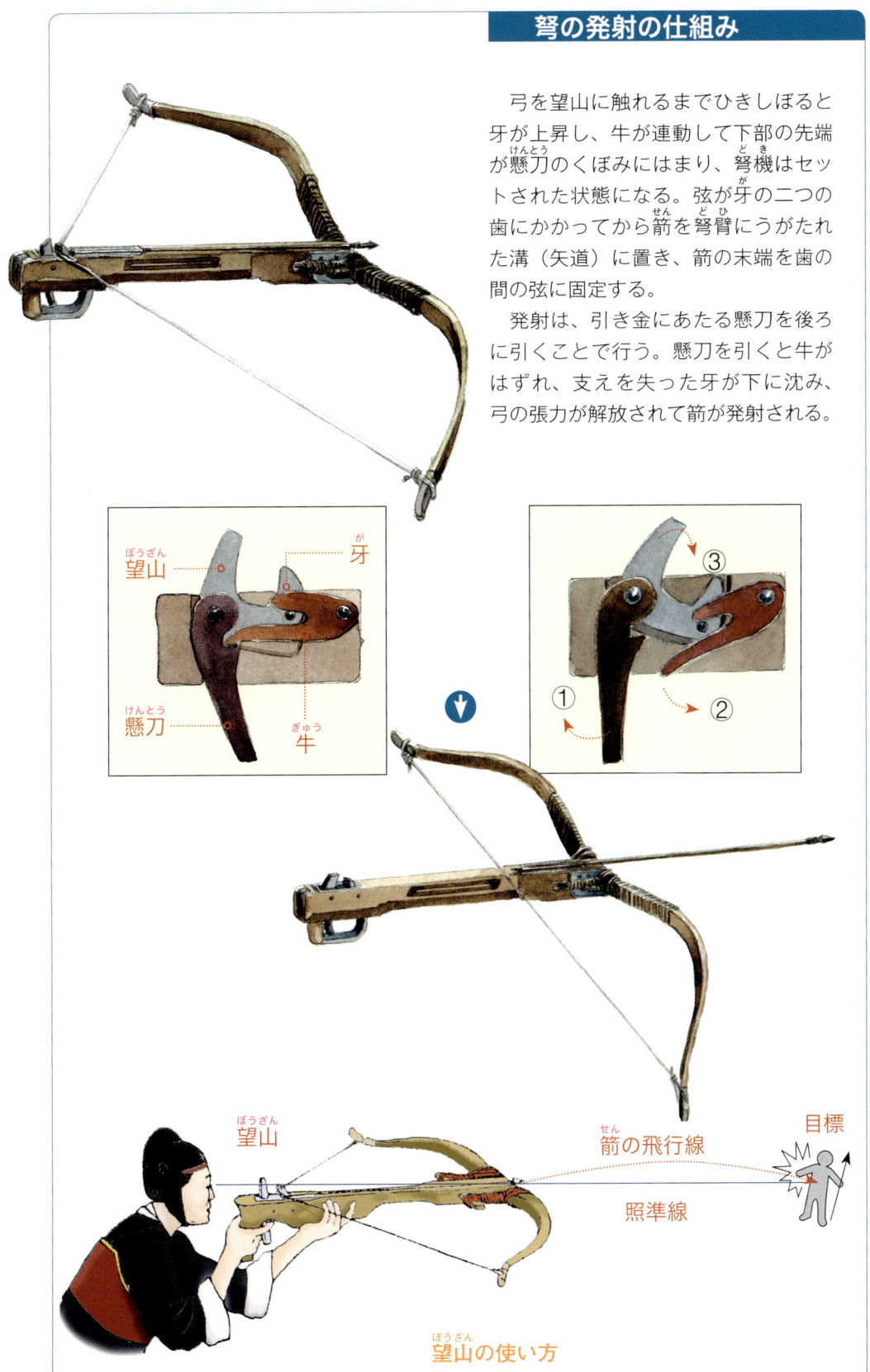

馬陵《ばりょう》の戦い

戦国時代の初期、強大な魏《ぎ》は諸国と戦争し、勢力の拡大を図った。紀元前 341 年、魏は斉《せい》との戦いに臨んだ。魏の将軍・龐涓《ほうけん》は、陣中の竈《かまど》の数を日々減らして敗走を見せかける斉の軍師・孫臏《そんびん》の計略にひっかかり、少人数の機動部隊で斉軍を追撃した。

ある夜、龐涓《ほうけん》が馬陵《ばりょう》の山あいにさしかかると、一本の大木が横たわっていた。龐《ほう》涓《けん》が火をかざして見ると、「龐涓《ほうけん》、この樹の下に死せん」と書いてあった。次の瞬間、斉軍から猛烈な弩《ど》の攻撃が始まり、魏軍は殲滅《せんめつ》され、龐涓《ほうけん》は自害した。この戦い以降、魏は没落した。この戦役では弩《ど》が待伏せ攻撃でいかに有効であるかが存分に示された。

『武備志（ぶびし）』の弩の使用法

弩《ど》は弓に比べて威力と正確性の点で大幅に向上したが、大きくて重く、弦をひくのにも強い力が必要で、膝・腰・足または機械の助けを借りなければならない。装《そう》填《てん》にも時間がかかるので、戦場では弩の装填、運搬、発射の三隊に分かれた。この編隊が実戦で機能するにはかなりの訓練が必要であり、そのため弓と弩は長期にわたって併存した。火器が発明されてから、弩は一気に淘汰《とうた》され、姿を消した。

弩《ど》の装填《そうてん》

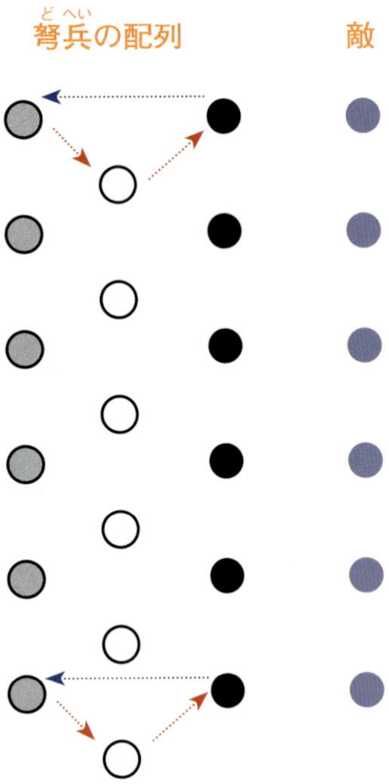

膝《ひざ》を使った装填《そうてん》

腰《こし》を使った装填《そうてん》

装填《そうてん》　運搬《うんぱん》　射撃《しゃげき》

連弩《れんど》

連弩《れんど》は連続発射装置を備えた弩である。弩臂《どひ》の上に多数の箭《せん》を収納した箭匣《せんこう》を置き、レバーを引くだけで連射できる。前漢の李陵《りりょう》が匈奴《きょうど》との戦いで連弩を使用した。三国時代になって諸葛孔明《しょかつこうめい》が改良を加え、蜀《しょく》軍は十連発の連弩を装備した。

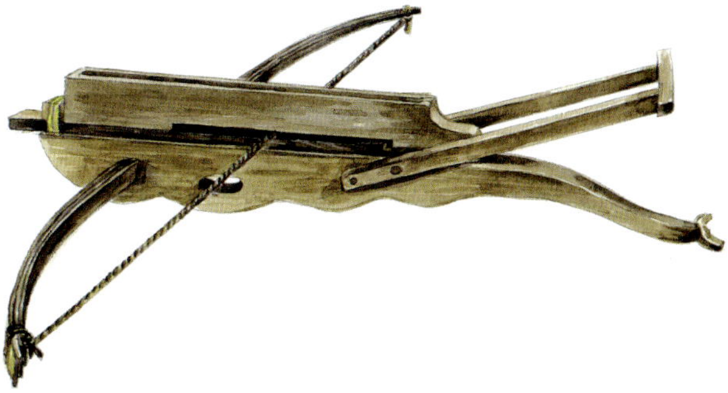

諸葛連弩（しょかつれんど）の発射の仕組み

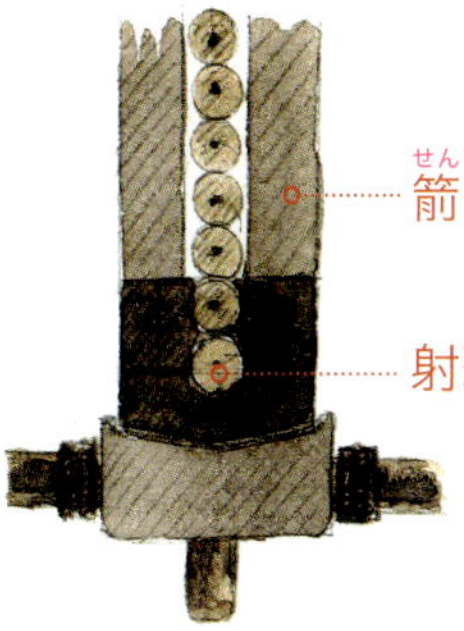

前部の断面図

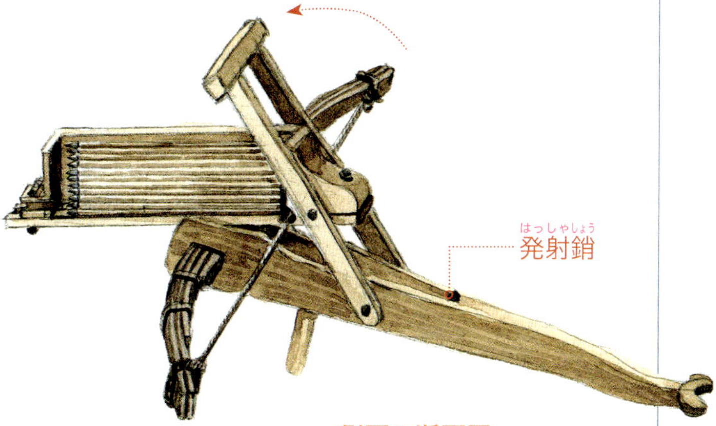

側面の断面図

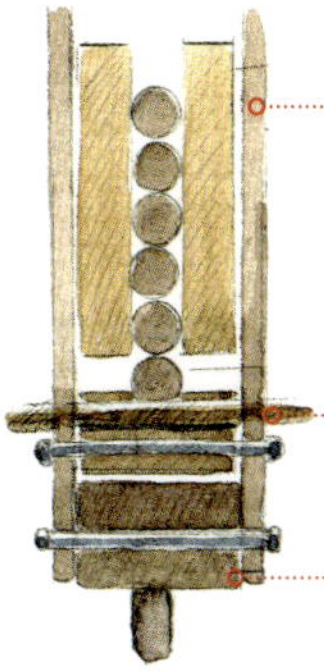

後部の断面図

①箭匣《せんこう》に箭を入れ、拉竿《ろうかん》で弦をかける。

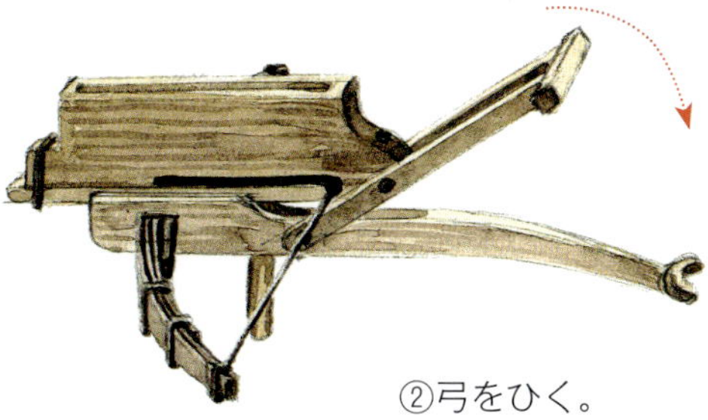

②弓をひく。

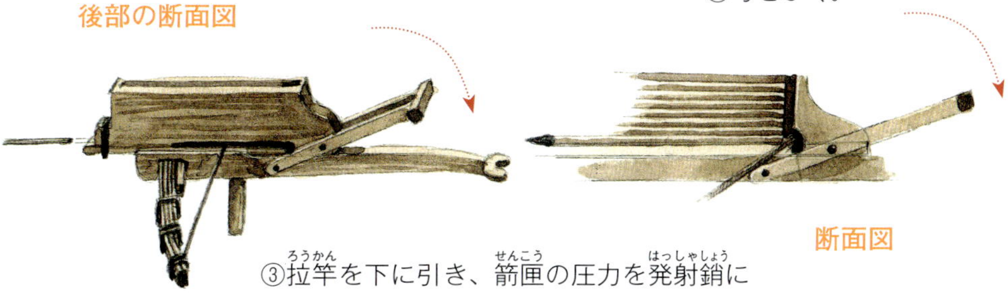

断面図

③拉竿《ろうかん》を下に引き、箭匣《せんこう》の圧力を発射銷《はっしゃしょう》にかけて弦を引き、連射する。

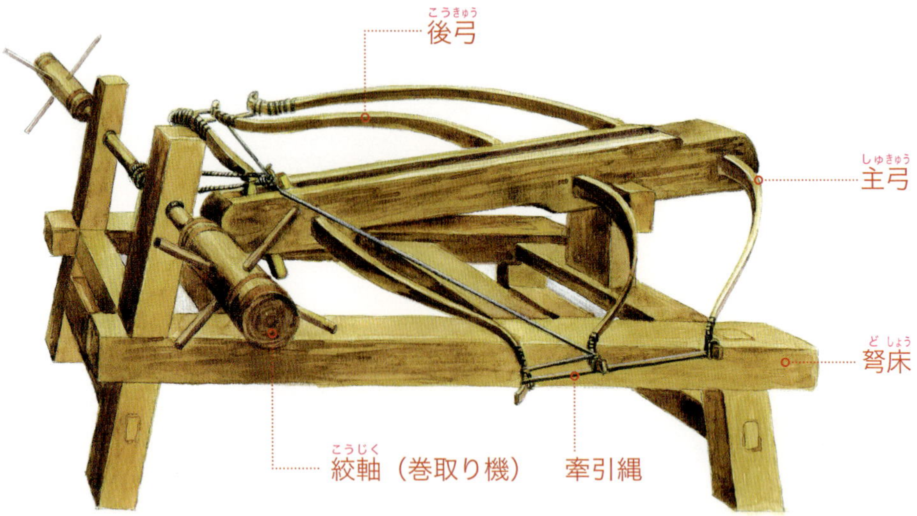
後弓《こうきゅう》
主弓《しゅきゅう》
弩床《どしょう》
絞軸《こうじく》（巻取り機）
牽引縄

床弩《しょうど》

踏橛箭《とうけつせん》による攻城

床弩《しょうど》から城壁に踏橛箭《とうけつせん》を打ちこみ、それを使って兵が城壁をよじ登る。

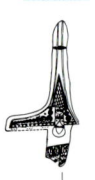

宋代の床弩《しょうど》による防御

台座に大型の弩を載せたものが床弩《しょうど》である。床弩は一張《いっちょう》または数張の弓を搭載し、後部の巻取り機で弓を張る。複数の弓を搭載した床弩は大勢の兵によって弦を引くことができ、その射撃の威力は一人で引く弩よりはるかに強力で、射程距離も長い。

床弩は宋代に発達した。より大きな反発力を得るために、二張から四張の弓を用い、やや大きな固定した目標を攻撃するのに使用された。床弩は城郭の攻防戦で大きな力を発揮したが、方向転換が難しい固定式のものが多く、発射準備にも手間どるという難点があった。

箭 (せん)

箭《せん》は弓《きゅう》・弩《ど》から発射して敵を殺傷する鋭利な刃物である。古くは「矢《し》」と呼んだ。箭《せん》の先端部分が鏃《ぞく》である。箭《せん》の起源は石器時代にまでさかのぼり、石片や獣骨、貝殻などを鋭利な形状に加工し、棒状の杆《かん》の一端に装着した。中国で最古の箭《せん》は1963年に山西省朔《さく》県の峙峪《じよく》文化遺跡（旧石器時代晩期）で出土した、薄い火打石で作られた石鏃《せきぞく》である。この石鏃の加工はきわめて精緻で、先端は鋭く尖っている。

殷周代になって、青銅で鏃《ぞく》が作られるようになった。箭《せん》は消耗量の多い兵器であり、翼《よく》や稜《りょう》を備えた複雑な構造をもっているため、鉄材で大量生産することが困難で、長らく銅材が用いられた。その後、後漢末期に先端が扁平な三角形の形をした鉄鏃が現れた。この形状は鉄材に適し、殺傷力も大きいため、徐々に銅鏃に取って代わった。

前鋒《ぜんぽう》
尖った最先端部。
脊《せき》
筋状に隆起した部分。
刃《じん》
翼の鋭利なへり。
翼《よく》
両側の三角形のつばさ。
後鋒《こうほう》
両翼の尖った末端部。
本《ほん》
後鋒《こうほう》と脊《せき》の連結部。
鋌《てい》
関の下端の円筒。ここで木製の箭《せん》杆《かん》に装着する。
関《かん》
脊《せき》と鋌《てい》をつなぐ部分。

鏃《ぞく》の各部位

鏃《ぞく》
箭の先端部分
杆《かん》
弦の反発力を受けとめる。竹製が多いが、一部は木製。
羽《う》
箭は空中を飛ぶ時に空気の抵抗を受ける。方向を保つために箭杆《せんかん》の末端に羽根をつける。これによって箭の構造はより完璧に近付く。
栝《かつ》
末端の弦をつがえる箇所。

箭《せん》の各部位

秦代の兵器工場

秦《しん》代の兵器製造はすでに規格生産を取り入れ、産地の異なる部品を一括して組み立てる段階に入っている。これによって大量生産が可能になったばかりでなく、すべての将兵が当時の最も高性能な兵器を使用できることになった。北方の草原であれ、南方の密林であれ、どんな戦場でも秦軍が発射する箭の先端には最高レベルの鏃《ぞく》が用いられたわけである。それは疑いもなく戦闘力の強化につながった。

鏃（ぞく）の主な様式

薄匕《はくひ》式：前鋒《ぜんぽう》は匕首《ひしゅ》（95 頁参照）に似ている。二枚の翼が広がり、へりの部分に刃があって前鋒に収斂《しゅうれん》し、下部の末端は外に反っている。中間の脊《せき》は下に伸びて鋌《てい》につながる形である。

三稜《さんりょう》式：細長い形で刃が三つある。製作が簡単で鏃全体が堅固、しかも前鋒が鋭利で貫通力が強いという長所がある。流線型に近いので空気抵抗が少なく、弓射の安定性と正確性の点でも優れている。

円錐《えんすい》式：頭部が短く軽量である。上部が三角錐で下部が円形の形態をしている。

平頭《へいとう》式：円柱形で前鋒がなく、訓練用に使う。

殷代の脊《せき》が長く、翼《よく》が幅広の銅鏃《どうぞく》

赤壁《せきへき》の戦い

後漢の末年（208 年）の天下三分を決定づけた赤壁《せきへき》の戦いで、孫権《そんけん》・劉備《りゅうび》の連合軍は弓弩《きゅうど》と火攻めによって強大な曹操《そうそう》の大軍勢を撃退した。

飛石索（ひせきさく）

飛石索《ひせきさく》は投石帯《とうせきたい》とも呼び、石つぶてを投げる小型の投射兵器であり、最古の遠距離発射兵器である。飛石索で飛ばす石球は旧石器時代や新石器時代の遺跡から大量に発見されている。飛石索には二種類あり、単股《たんこ》飛石索は縄に石つぶてをくくりつけ、投げて飛ばす。双股《そうこ》飛石索は手に輪を引っかけて飛ばす。

単股飛石索《たんこひせきさく》　双股飛石索《そうこひせきさく》

標槍(ひょうそう)

標槍《ひょうそう》は狩猟用の道具であり、戦争の際には遠距離投射兵器になる。標槍の形は羽のない箭《せん》に似ている。一般に軽量で先端が鋭く尖っている。石や金属など硬い物体を先端に装着するほか、竹や木をそのまま削る場合もある。標槍の射程は長く、殺傷力は大きい。先端に毒を塗ることもある。

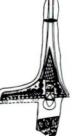

先秦時代の戦争で両軍はまず弓を発射し、次に標槍を投げあってから白兵戦に移る。標槍は弓弩《きゅうど》の攻撃を補佐する重要な役割を果たした。接近戦で標槍は突いて刺すこともできるし、投げることもできるという自在性がある。

元代のモンゴルの騎兵は標槍の扱いに巧みで、戦場では刺したり投げたりの大活躍をみせた。明代の軍隊で使用された標槍は細い木や竹を柄にしたが、先が太く手元が細い。先端の刃物も大きくて重い。というのも、重心が前にあった方が正確で力強く投げられるからである。

清代の軍隊で使われた標槍の様式はさまざまであるが、おおむね木・竹を柄にし、鉄鏃《てつぞく》を装着する形で、明代のものを踏襲している。柄がかなり短いものもある。鉄で作られた標槍はさらに短く、熟練した兵士は五十歩以内であれば、標槍を投げて敵を倒すことができた。

清代の緑営《りょくえい》（漢族で編成された軍隊）では手鏢《しゅひょう》・犂頭鏢《れいとうひょう》・鉄闘鏢《てっとうひょう》などの標槍を装備した。形態は明代より短く、多くは水軍で使用された。

標槍《ひょうそう》

標槍が軍隊で装備されるようになったのは宋代以降である。宋代の標槍は「梭槍《さそう》」とも呼ばれ、長さは１ｍあまりで、騎兵も「飛槍《ひそう》」と称して使用した。

標槍《ひょうそう》を手に持つ元代の兵士

二

長兵器

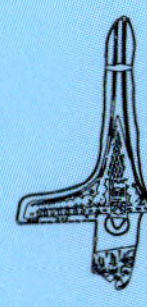

長兵器《ちょうへいき》は短兵器《たんへいき》より長い柄を持つ兵器の総称であるが、そのサイズに厳密な基準はない。一般に長兵器の柄の長さは大人の背の高さくらいである。攻撃用の部位は柄の先端にある。矛《ぼう》・戈《か》・戟《げき》・槍《そう》・大刀《だいとう》などが代表的なもので、刺すことも斬ることもできる。短兵器と比べて長兵器にはいち早く敵に接触できるという長所があるが、柄が長すぎるため小回りがきかないという難点もある。

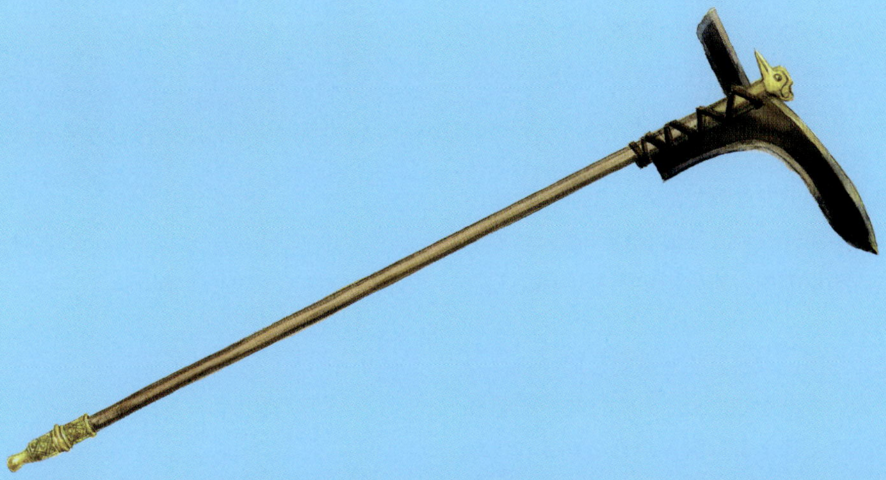

矛（ぼう）

矛《ぼう》（ほこ）は刺して突き殺すための長い柄を持つ兵器であり、古代の軍隊では大量に装備され、最も長く使われてきた冷兵器《れいへいき》（火器が登場する前の兵器の総称）の一つである。

矛の原型は原始時代に登場している。当時、狩猟用として木の棒の先端を削ったり、尖った石や獣骨を竹木の先端にくくりつけたりして殺傷力を高めたが、作りそのものは雑で単純である。

殷《いん》代に青銅製の矛頭《ぼうとう》が登場し、矛の形態も定まった。殷代の矛は広葉形か下が幅広で先端が尖った三角形をしている。数量的には戈《か》に次いで大量装備された。

西周代の矛の形は広葉形から針葉形へと進化し、刃の部分が長くなった。銅矛《どうぼう》は材質の特性から穂先が鋭利ではない。そのため甲《こう》や盾《じゅん》を貫通して敵を殺傷するにはかなり大きな力が必要であり、矛頭は長くて重い。

戦国時代に鉄製の矛頭《ぼうとう》が登場した。鉄は堅牢で硬く、鋭利な鋒刃によって殺傷力が強化されたため、徐々に銅矛に取って代わり、より精巧で機動性を高める方向へ発展した。戦国時代には柲《ひ》（柄の部分）にも工夫が凝らされた。車騎部隊の使用する柲《ひ》は距離を置いて突き刺すために3mにも達した。歩兵が使う矛は2m前後が多い。そのほか、坑道戦用の柲《ひ》の短い矛も出現している。

この時期には積竹柲《せきちくひ》も登場している。これは硬い木材を芯にし、外側に竹片を貼り付け、さらに上質な藤のつるを巻きつけたあと、糸でぐるぐる巻きにし、最後に漆《うるし》を塗って仕上げたものである。積竹柲《せきちくひ》は強靭で柔軟性があり、戈《か》や戟《げき》といった縦横二方向に動かす長兵器にも数多く採用された。

秦・漢と三国時代には矛《ぼう》は戈《か》に代わって最も広範に使用される長兵器になった。晋から南北朝時代になって、騎兵が発達したため、矛はより衝撃力の強い槍へと転換していった。

春秋時代の歩兵の方陣

骹《こう》

骹《こう》の形はまっすぐで下が太く上が細い。脊《せき》とつながり、中は中空で柲《ひ》に差し込むようになっている。両側には必ず環紐《かんちゅう》がついている。しっかりと結わえて戦闘時に矛頭《ぼうとう》が脱落するのを防ぐのに使う。

殷代の広葉形の銅矛《どうほう》

春秋時代の針葉形の銅矛《どうほう》

戦国時代の越王《えつおう》の石矛《せきぼう》

矛《ぼう》

矛は両端が尖り、矛頭と柲《ひ》と鐏の三部分からなる。

矛頭《ぼうとう》

矛頭《ぼうとう》は攻撃担当の部位で、金属製が多い。先端には鋭利な鋒《ほう》があり、平たい葉形の左右のへりは刃である。真ん中に脊《せき》が通り、血槽《けっそう》を備えている場合もある。

柲《ひ》

柲《ひ》とは矛《ぼう》の柄である。多くは竹や木である。柲《ひ》の素材には頑丈であることと木目がまっすぐであることが求められる。金属製の柲《ひ》もある。先端に向けて柲《ひ》はわずかに細くなっている。

鐏

鐏《そん》

鐏《そん》は柲《ひ》の末端に装着する部品で、銅または鉄製が多い。円錐形で、矛《ぼう》を立てた時に安定させる役割がある。

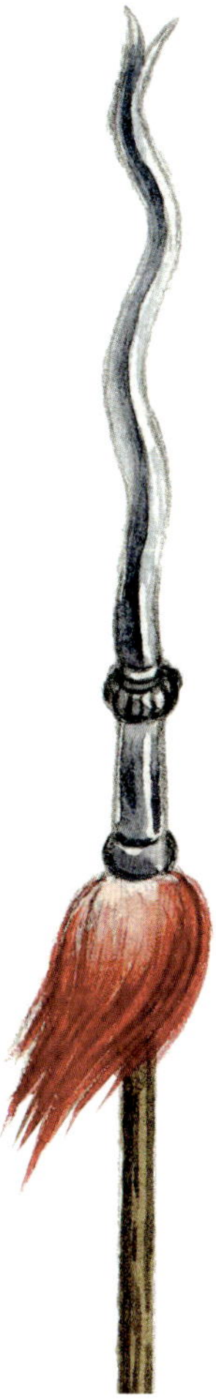

蛇矛《だぼう》

蛇矛《だぼう》は矛の一種で、矛身が扁平でうねうねと曲がっているためこう名付けられた。柄は木製で矛頭《ぼうとう》は鉄製である。この湾曲した形状を用いるのは、傷を深くするのと傷口を複雑にして致命傷を与えることを目的としている。『三国志演義《さんごくしえんぎ》』の張飛《ちょうひ》は長大な「丈八蛇矛《じょうはちだぼう》」の使い手として描かれている。

蛇矛《だぼう》を手にする張飛《ちょうひ》

呉王・夫差（ふさ）の矛（ぼう）

春秋時代の末期、長江下流にあった呉は軍事力の強化に努め、武器の改良を奨励した。おかげで呉は片田舎の小国から中原《ちゅうげん》諸国もひれ伏す強国となった。1983年、湖北省江陵《こうりょう》の馬山5号墓から呉王・夫差《ふさ》が愛用した青銅矛が出土した。矛頭は青銅で鋳造され、全長は29.5cm、幅は5.5cmである。矛身の真ん中には脊《せき》が通り、血槽《けっそう》が備わっている。その後端には獣首形の鼻紐《びちゅう》が付いている。柲《ひ》の部分は平たい円形で凹字型を呈し、中空である。この矛は工芸的にも見事であり、全体に菱形の幾何文様が施されているだけでなく、先端の鋒と両側の刃はきわめて鋭利で、この時代の最高傑作と呼ぶにふさわしい出来ばえである。

槍（そう）

矛《ぼう》は時代が下るにつれ新たな形態へと進化したが、その多くは槍《そう》と呼ばれるようになった。槍《そう》の種類は非常に多く、様式も雑多であるが、さまざまな用途を持つ槍は歩兵と騎兵に広く使われた。軍隊に籍を置く者は必ず槍を所持した。槍は戦場だけでなく、渡河《とか》の際には筏《いかだ》の組木となり、野営の際にはテントの支柱になった。

宋代の軍が使用する兵器は槍《そう》が主体で、中央の禁軍《きんぐん》も地方の廂軍《しょうぐん》もともに槍の訓練に励んだ。『武経総要《ぶけいそうよう》』には、騎兵は双鉤《そうこう》槍《そう》・単鉤槍《たんこうそう》・環子槍《かんしそう》を使い、歩兵は素木槍《そぼくそう》・錐槍《すいそう》を使い、訓練用には鋒刃がない墜槍《ついそう》を使ったとある。この時期には勇猛な槍の名手が輩出している。なかでも遼《りょう》と戦った名将・楊業《ようぎょう》父子はともに槍の名手で、その戦闘法は「楊家槍《ようかそう》」として後世に伝えられた。

槍は旗をかかげる旗竿としても使うことができる。元末の朱元璋《しゅげんしょう》は長槍を携えて兵を起こした。槍には黒漆《くろうるし》を塗り、黒い纓《えい》と黒い旗をかかげた。そして「大敵と戦う時にはいつも精鋭の騎兵を率いて中央を突破し、背後に回って敵を攻撃した」。部下は朱元璋の槍の黒旗を見るととたんに「士気が奮い、たちまち敵は壊滅した。」

明・清代では火器が運用されるようになり、槍の出番は減ったが、それでも軍隊中で最も使われる冷兵器《れいへいき》であった。

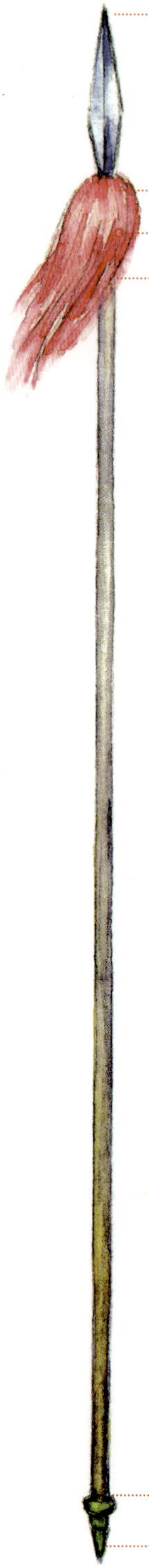

槍頭《そうとう》
槍尖《そうせん》とも呼ぶ。古くは銅や鉄で作った。菱形で脊《せき》が高く、刃は薄く鋭利で、尖端が尖っている。

槍纓《そうえい》
槍頭の下につける装飾品。槍纓はサイ・ヤク・馬の尻尾で作ったが、近年では薄絹や糸で作る。多くは赤く染められている。その用途は突き刺す時に纓を震わせて相手を幻惑したり、返り血を浴びないようにすることにある。平時の訓練の際にも気勢を上げる役を果たす。
モンゴルのチンギス・ハンは西征の折、功績を記録するために敵の頭髪を切り取って長槍に結わえ、勇者をたたえるシンボルにしたと伝えられている。

槍杆《そうかん》
槍《そう》の本体。槍杆《そうかん》には木材を多用し、先細りの形状にする。槍杆はまっすぐである。

槍《そう》
槍《そう》は槍頭《そうとう》と槍纓《そうえい》、槍杆《そうかん》などからなる。

戈(か)

戈《か》の起源は石器時代にあり、石鎌類から派生したと考えられている。新石器時代の晩期に石戈が出現して「援《えん》」と「内《ない》」を分ける構造が生まれた。青銅器時代に戈の類の兵器は空前の発展を遂げた。

殷代になって戈《か》は戦車戦用の通常兵器となった。戦車による接近戦では引っかけたり突っついたりできる戈《か》の方が直線的に刺すだけの矛《ぼう》類より殺傷力が強く、しかも戦車の速度を利用して攻撃できるので、軍隊に必須の戦闘用兵器になった。

戦闘中に戈頭《かとう》が脱落するの防ぐため、銎《きょう》内《ない》・曲内《きょくない》・直内《ちょくない》という三種の形態が考案されたが、直内戈《ちょくないか》の「援《えん》」と「内《ない》」の間に「闌《らん》」という突起が加わって装着の安定度が高まると、他の二種は淘汰されていった。

西周時代の青銅戈《せいどうか》は引っかけて攻撃する機能を強化するため、「援《えん》」をほぼ垂直まで上げている。春秋戦国時代の戈《か》には突き刺す機能も加えられた。戈《か》は先秦時代の軍隊に大量装備された武器であり、「干戈《かんか》」は軍事行動の代名詞となった。

漢代以降、戦車の衰退とともに戈《か》は鉄製の戟《げき》に取って代わられ、戦場で使われることはなくなったが、儀仗《ぎじょう》用の武器として存続した。

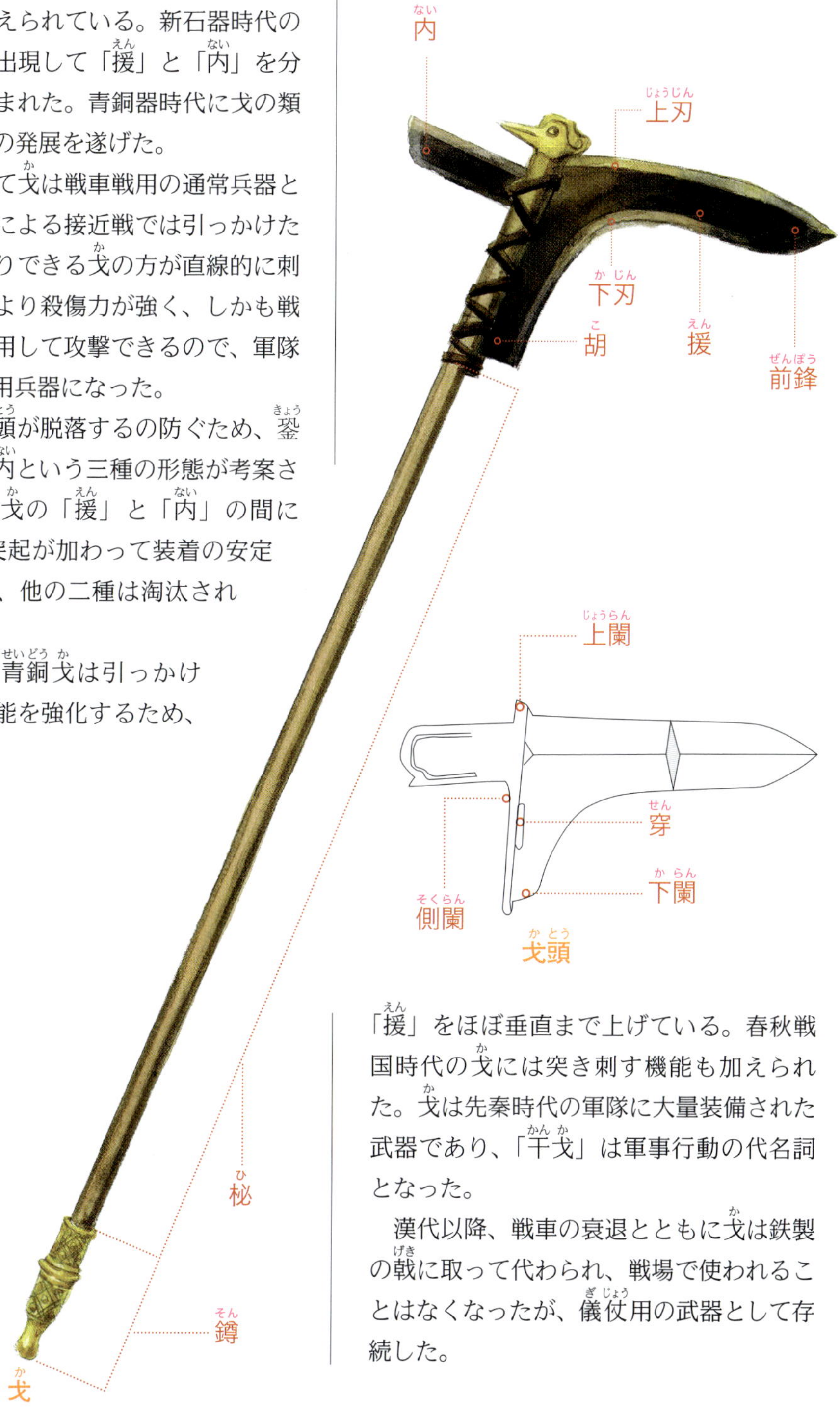

戈（か）の形態

戈《か》の多くは青銅製である。戈頭《かとう》は三部分からなる。第一は「援《えん》」で、横に出た刃で敵を引っかける部分。第二は「胡《こ》」。「援」の下にあり、穴があいていて縄で柄にくくりつける。第三は「内《ない》」で「援」の後部の短い突起で、中心の穴で縄をくくりつける。

銎内戈《きょうないか》

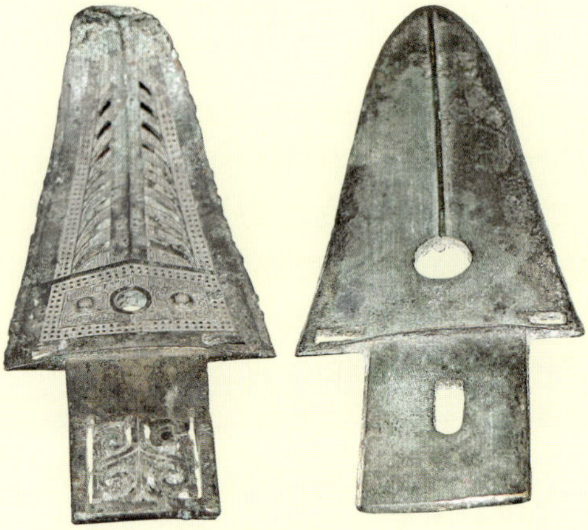

直内戈《ちょくないか》

長胡戈《ちょうこか》

戟(げき)

戟《げき》は戈《か》と矛《ぼう》を組み合わせて生まれた長兵器である。歴史的にみて戟《げき》には戦車用、騎兵用、歩兵用などさまざまなものがあるが、いずれも鋒《ほう》（刺《し》）・援《えん》・胡《こ》・内《ない》・穿《せん》の五部分からなっている。

殷代初期に矛《ぼう》と戈《か》の組み合わせが試みられ、西周代に刺《し》・援《えん》・内《ない》・胡《こ》をひとつにまとめて鋳造した十字形の戟《げき》が出現した。この戟《げき》には矛頭《ぼうとう》が主体で側面に援《えん》を出したタイプと、戈《か》が主体で闌《らん》と鋒《ほう》の幅を適度に広げたタイプの二種類がある。しかし、鋳造そのものが難しく、多くは脆かった。戟《げき》の戦闘能力は単体の矛《ぼう》や戈《か》より劣っていたので、西周の末年には淘汰された。

春秋戦国時代になると戟《げき》の援《えん》が細くなり、内《ない》が直線から曲線になり、援《えん》と胡《こ》が形成する角度も徐々に大きくなり、戦闘力が強化された。同時に、矛《ぼう》と戈《か》が組み合わされた多機能という特徴も存分に発揮されるようになったため、便利な武器として歩兵、騎兵に広まるようになった。

漢代から三国時代にかけて、戟《げき》の使用は一般的になった。西晋から南北朝時代まで戟《げき》は重要な戦闘用兵器であり続けたが、重装騎兵の進化によって、貫通力にやや乏しい戟《げき》は衰退の道を歩み始めた。

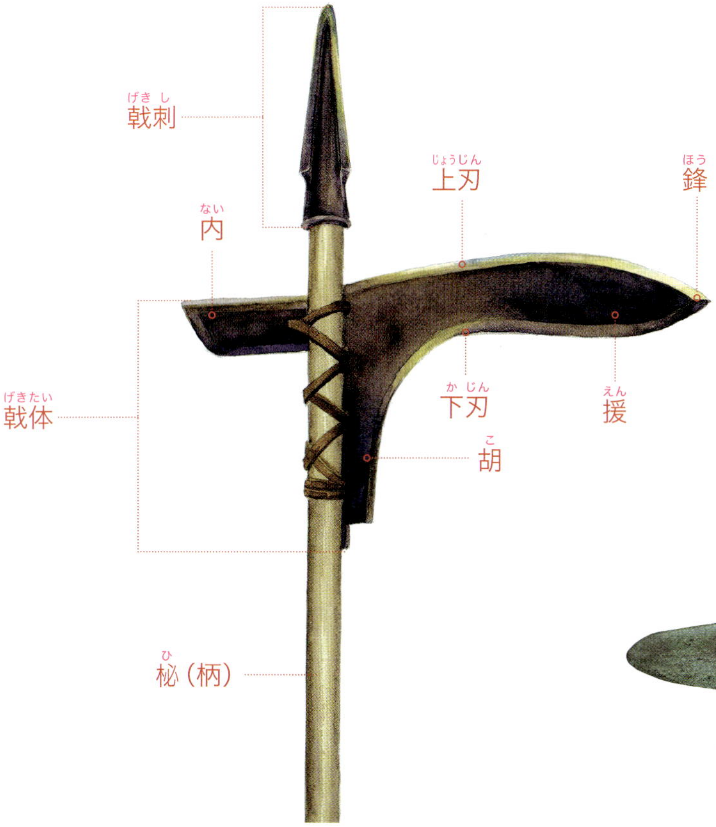

戈《か》と矛《ぼう》を別々に組み合わせた戟《げき》

一体化して鋳造された戟《げき》

西周初期の戟《げき》

「卜」字形の戟《げき》
戟枝《げきし》
銅龠《どうやく》
柄との固定を強化する。

後漢の戟《げき》

方天戟《ほうてんげき》

方天戟《ほうてんげき》は鉄製の槍に類似したものに左右対称の三日月形の「月牙《げつが》」と呼ばれる鋒刃《ほうじん》を備えた長兵器である。先端の刃は槍と同じく刺殺用であり、左右の「月牙」は戟の援と同じく斬ったり刺したりするのに使うが、深く突きすぎるのを防いでもいる。

三英（さんえい）、呂布（りょふ）と戦う

『三国志演義《さんごくしえんぎ》』で天下無双の武人として描かれている呂布《りょふ》が手にしていた天画戟《てんがげき》は方天戟の一種である。虎《こ》牢関《ろうかん》の戦いで呂布は諸将をなで斬りにするが、劉備《りゅうび》・関羽《かんう》・張飛《ちょうひ》の三英雄に挑まれ、奮戦した後、赤兎馬《せきとば》を駆ってその場を逃れた。

壁画「三英、呂布と戦う」（河南省朱仙鎮《しゅせんちん》の関帝廟《かんていびょう》）

殳（しゅ）

殳《しゅ》は中国古代のかなり初期に登場した打撃兵器である。漢代の鄭玄《じょうげん》は『周礼《しゅらい》』への注に、戦車兵や歩兵が使う五種の兵器（他には戈《か》・戟《げき》・酋矛《しゅうぼう》・夷矛《いぼう》または弓矢《きゅうし》)、五兵の一つに挙げているが、実物が遺っていなかったため、周代の車馬兵器に触れている『周礼・考工記《こうこうき》』の記述に従って「殳《しゅ》に刃はない」と考えられてきた。しかし、1978年に湖北省の曽侯乙墓《そうこういつぼ》から兵器類が出土し、そのうち三点が長い刃を備え、「曽侯《そうこう》の用いる殳《しゅ》」という篆書の文字が鋳造されていた。つまり、殳《しゅ》には刃のあるものとないものとの二種類があったわけである。

出土品のなかには全長3mを超える殳《しゅ》もある。これは春秋戦国時代の戦車戦に適した長さである。漢代以降、戦車の衰退とともに殳《しゅ》も棍《こん》や棒《ぼう》といった打撃兵器に変貌していったが、一部は衛兵の守備用武器や儀《ぎ》仗《じょう》用の装飾品として使われた。

秦代の銅殳

戦国時代の殳

殳《しゅ》

戦国時代の曽《そう》侯乙墓《こういつぼ》から出土した殳《しゅ》の先端は三稜形の頭部があり、その下に銅箍《どうこ》（たが）があり、末端に鐏《そん》がある。この兵器は斬ることも打ちつけることもでき、かなり大きな威力がある。

長棍(ちょうこん)

棍《こん》は人類が古くから手にした道具であり、原始的な形態は木の枝や幹を加工しただけのものである。原始時代の狩猟や戦争で、棍《こん》は振り回すことで得られる運動エネルギーで目標を倒す打撃兵器として活躍した。その後、殺傷力を増すために、真珠貝の貝殻や石片をはめたり、先端を削って鋭利にしたりするなど、棍《こん》にはさまざまな加工が施された。この工夫が転じて矛《ぼう》や槍《そう》などが生み出された。そのため、棍《こん》は「百兵の祖」と呼ばれている。

棍《こん》はシンプルな作りではあるが、これを扱う技は変化に富み、攻守兼備のスピードに満ちた武器である。棍《こん》は矛《ぼう》や槍《そう》など長兵器類の柄より太くて硬いので、戦場では他の長兵器より折られたり切断されたりしにくい。

鉄頭棍《てつとうこん》、渾鉄棍《こんてつこん》、渾銅棍《こんどうこん》といった金属製の棍《こん》は長くて重く、きわめて大きな威力を備えている。甲冑類の防具が登場してから、戦場での棍《こん》の地位は下がっていった。しかし、材料が入手しやすく、手になじみやすい木棍は軍事訓練や武術の鍛錬の場面で大きな役割を果たしてきた。

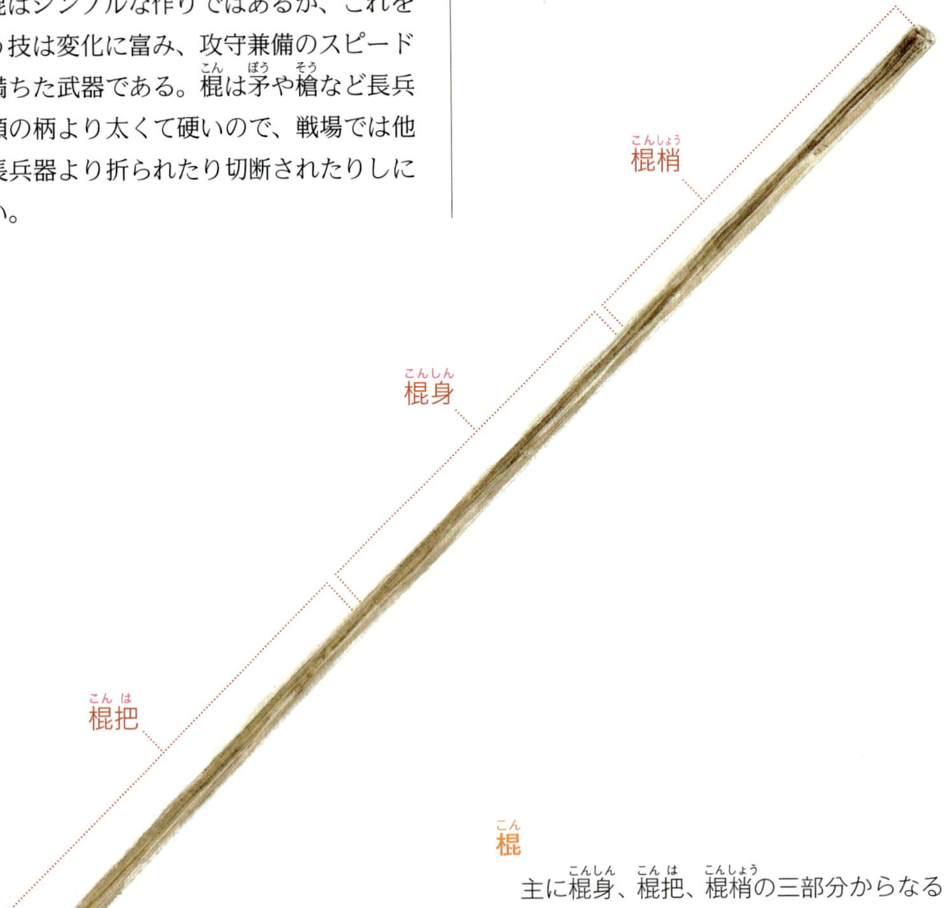

棍《こん》

主に棍身《こんしん》、棍把《こんは》、棍梢《こんしょう》の三部分からなる。棍身の太さは両端で異なり、手元は太くして握りやすくし、先に向かって細くなる。

少林棍《しょうりんこん》
明代の少林寺の僧侶が用いた棍。全体にやや細めである。

斉眉棍《せいびこん》
棍の長さが人の眉の高さに等しいため、こう命名された。

盤花棍《ばんかこん》
棍身に花紋が刻まれている。

金箍棒《きんこぼう》
長さは八尺前後。手元と梢に金属製（鉄または銅）の箍《こ》（たが）が装着されている。

水火棍《すいかこん》
火を象徴する赤と水を象徴する黒が塗られた棍。公正にして剛直な心を表す。昔の下級官吏が用いた。

白棓《はくほう》
白木で作られた棒。

少林寺の棍法

世に名高い少林寺の武術のなかでも、棍こそは少林寺を代表する武器である。武当《ぶとう》派の剣と同様、棍は少林派の代名詞である。少林寺の棍法の始祖は元代の緊那羅《きんなら》和尚と考えられている。『河南府志《かなんふし》』によれば、元末の紅巾《こうきん》の乱の際、緊那羅和尚は少林寺を包囲する紅巾軍を飯炊き用の棍で蹴散らしたという。これ以降、少林寺の棍法が世に知られるようになった。

明代に倭寇《わこう》征伐で知られる兪大猷《ゆだいゆう》が少林寺を訪れ、より実戦的な棍法をもたらした。その後、少林寺の僧侶たちは威力無双の鉄棍を用いて倭寇を震えあがらせたため、少林寺の棍法の名は天下に轟くことになった。

兪大猷《ゆだいゆう》

大刀(だいとう)

大刀《だいとう》は長刀《ちょうとう》とも呼ぶ。斬殺を目的とした長柄の兵器である。刀身は金属、柄は硬い木材で、末端に鉄製の鐏《そん》がある。

前漢代に戦争の勝敗を決したのは機動性に優れた騎兵であった。歩兵は騎兵に対し、刃物を長い柄に装着して「斬馬《ざんば》」の反撃に出た。これが大刀の始まりとみなせるだろう。その後、さまざまな実戦を経て、長柄の刀の様式や風格は変化し続けた。

唐代には両刃の陌刀《はくとう》が登場した。安史《あんし》の乱の際、饒陽《じょうよう》を守った張興《ちょうこう》の陌刀《はくとう》は重さ五十斤にも達し、「一振りするとたちまち数人が斬り殺された」という。

宋代は大刀《だいとう》の隆盛期である。この時代に刀の形態にも変化が生じ、片刃の刀頭が上に反るようになった。刀身が非常に重いため、斬りつけると威力が倍加し、甲《こう》で重装備した敵にも致命傷を与えられるようになった。

さまざまある兵器のなかでも、勇猛果敢な大刀《だいとう》は「百兵の帥《すい》」と呼ばれる存在である。

『武経総要《ぶけいそうよう》』の大刀《だいとう》

北宋初期に編まれた『武経総要』は中国最初の官製による軍事と兵器に関する大百科全書である。この書には当時の特徴的な長柄の大刀が紹介されている。

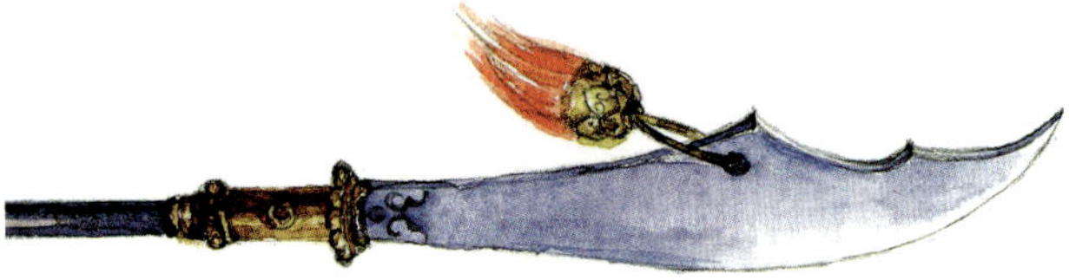

屈刀《くっとう》

先の方が鋭利で、曲線を描きながらやや幅広になっている。

眉尖刀《びせんとう》

刀身は細く、尖端が鋭く伸びている。いかにも素朴で実戦向きである。

筆刀《ひつとう》

尖端が鋭利で、背が幅広。

掉刀《ちょうとう》

刀身はまっすぐで、尖端に刃がある。柄の底には鐏《そん》がある。

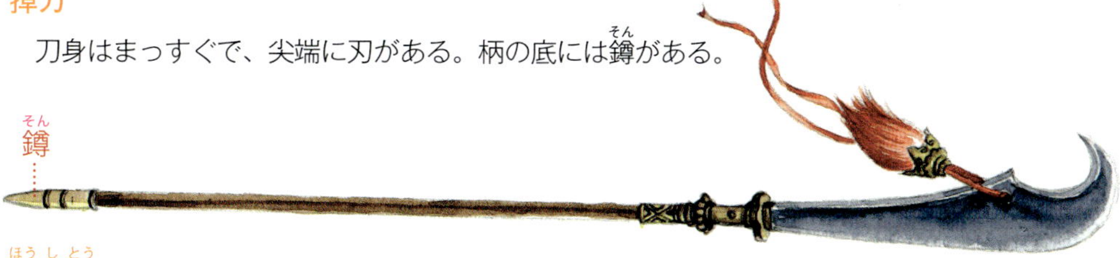

鳳嘴刀《ほうしとう》

刀頭は円弧状を描き、刃は鋭利である。柄の底には鐏《そん》がある。

戟刀《げきとう》

全長五尺。尖端の刀は四寸で、横に付いた刃は一尺。柄の底に三稜形の鉄鐏《てつそん》がある。戟刀《げきとう》は変化に富んだ攻撃が可能である。

掩月刀《えんげつとう》

刀頭の幅は広く、半月の形をしており、背に二手に分かれた刃がある。刀身には飾りの旄《ぼう》を通す穴が空いている。刀部と柄をつなぐ箇所には龍形のソケットがある。掩月刀の威力は絶大であるが、あまりにも重く、制作費も高いため実戦で使われることはなく、演武や儀仗《ぎじょう》用として用いられた。

二郎刀《じろうとう》

二郎刀は古くは三尖両刃刀《さんせんりょうじんとう》と呼ばれた。両刃で尖端が三つに分かれている。二郎刀という名称が現れたのは明代である。『西遊記《さいゆうき》』で天神《てんしん》・二郎真君《じろうしんくん》が三尖両刃刀を得意としていたことからこう呼ばれるようになった。二郎刀は斬馬刀に改良を加えて生まれた。斬馬刀《ざんばとう》は高速で走る馬に用いるが、実戦では折れてしまうことが多かった。そこで、刃を厚くし、穂先を三つに分けて、耐久性と威力を増したのである。

狼牙棒（ろうがぼう）

狼牙棒《ろうがぼう》は狼の牙状の尖刺《せんし》を備えた打撃兵器で、宋代によく使われた。棒の先に瓜のような大きな錘《すい》があり、表面に狼の牙のような鉄釘が埋め込まれている。錘の先端には尖った釘が装着されている。狼牙棒《ろうがぼう》による打撃効果は、錘の重みだけでなく、鉄釘による殺傷力も加わって格別なものがあり、甲冑《かっちゅう》で防護する敵にも大きな威力を発揮した。

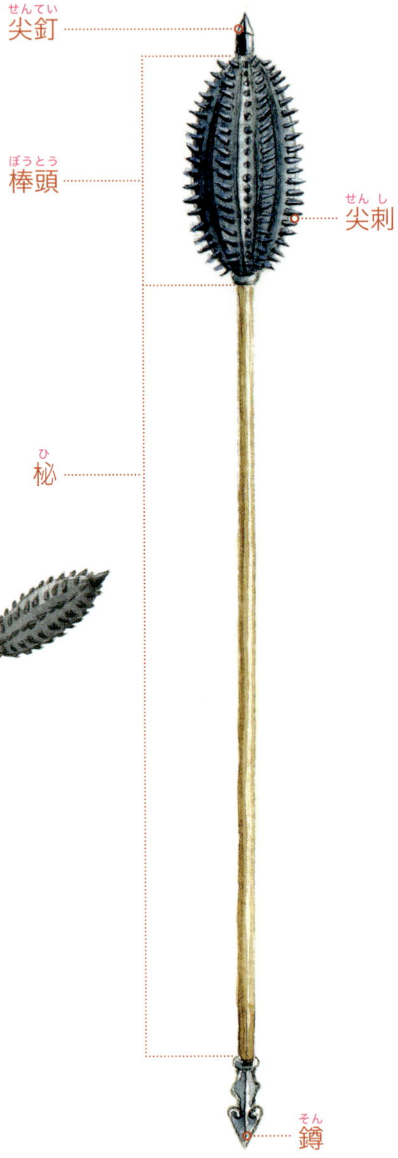

狼牙棒《ろうがぼう》

秦明《しんめい》

『水滸伝《すいこでん》』に登場する騎兵五虎将のひとり、霹靂火《へきれきか》こと秦明《しんめい》は、狼牙棒を操る猛将である。祝家荘《しゅくかそう》の戦いに始まる数々の戦闘で、彼はつねに先陣をきって最前線で戦い、狼牙棒《ろうがぼう》で戦功をあげて屈することのない梁山泊《りょうざんぱく》の気概を示した。

鏟（さん）

鏟《さん》はもともと生産用具から生まれたもので、昔の僧侶や庶民が携えた武器である。頭部は細いが、刃は厚い長兵器である。古代の農民一揆軍はいつも鏟《さん》に似た生産用具や農具を武器として使った。正規軍でも陣地や城壁をつき固める時に使う鏟《さん》を武器として使用することがよくあった。

兵器としての鏟《さん》の頭部は一般に鉄製で、柄は木製・鉄製の二種類がある。鏟《さん》頭は扁平な三日月状で上に開いている。刃は薄くて鋭いが、下に向けてやや厚くなっている。三日月の底は柄とつなぐために筒状になっている。なかには穴の空いた鏟《さん》もある。ここに大きな鉄の輪を通すと、鏟《さん》を舞い躍らせた時に大きな音がたち、威勢が増すという仕掛けである。

月牙鏟《げつがさん》

禅杖《ぜんじょう》

魯智深《ろちしん》

『水滸伝』に登場する好漢、花和尚《かおしょう》こと魯《ろ》智深《ちしん》はこの武器の使い手である。彼の禅杖《ぜんじょう》は鉄製であった。魯智深は当初、鍛冶屋に100斤（約60kg）の禅杖を作れと命じたが、あの関羽《かんう》の大刀《だいとう》でさえ71斤、それでも重くて使いにくいし、不恰好であると鍛冶屋に説得され、62斤の禅杖でようやく納得した。

鉤鎌槍（こうれんそう）

鉤鎌槍《こうれんそう》は刺したり引っかけたりするのに使う長柄の戦闘用兵器である。その外観は戟《げき》に似ているが、戟《げき》の刃を内向きに曲げれば鉤鎌槍《こうれんそう》になると言ってよいだろう。槍の穂先は鋭利で突き刺すのに用い、横の曲線的な刃は鎌に似ていて、刺すこともできるし、敵の甲冑にかけて引き倒すこともできる。この鉤《こう》の部分は、槍が深く入りすぎて抜けなくなるのを防ぐ役割もある。

鉤鎌槍《こうれんそう》が登場したのは唐代である。宋代になって鉤鎌槍《こうれんそう》の使用はピークに達し、攻城戦や野戦でこの種の兵器が大量に運用された。

鉤鎌槍《こうれんそう》

徐寧(じょねい)の鉤鎌槍(こうれんそう)

『水滸伝』に登場する徐寧《じょねい》はもともと宋《そう》朝禁軍《ちょうきんぐん》の金槍班《きんそうはん》の師範であり、数少ない鉤鎌槍《こうれんそう》の使い手であった。

梁山泊《りょうざんぱく》は宋軍が繰り出す連環馬《れんかんば》戦術に手を焼いていたが、徐寧を仲間に引き入れ、鉤鎌槍《こうれんそう》の手ほどきを受けた。

宋江《そうこう》らは呼延灼《こえんじゃく》率いる宋軍の連環馬《れんかんば》の脚を鉤鎌槍《こうれんそう》で引き倒して破った。

『忠義水滸伝全図《ちゅうぎすいこでん》』より

長斧(ちょうふ)

斧《ふ》は振りおろしてたたき斬ることを攻撃手段とする長兵器である。石斧は人類が手にした最も古い道具の一つであり、どんな道具でもまず斧で木を切ることから始まった。漢の劉熙《りゅうき》による『釈名《しゃくみょう》』も「斧《ふ》とは甫《ふ》である。甫とは始めることである」と述べている。

斧《ふ》はその様式と用途によって斤《きん》・戚《せき》・鉞《えつ》などさまざまな名称があるが、形態はどれも似通っている。片面が大きな刃でもう片面は平面であり、どれも木の柄に装着されている。斧《ふ》には銎《きょう》（差込用のソケット）があるので、他の武器より柄への装着が容易である。

銅斧《どうふ》の登場はかなり古く、現在出土してる青銅器に銅斧が占める割合は非常に大きい。殷《いん》・周《しゅう》代の戦闘用の斧《ふ》は重すぎて戦車戦には不向きであったが、彫刻を施された美しい斧は軍権の象徴になった。

秦・漢代になると戦争の方法や冶金技術の向上によって、斧《ふ》はあらためて軍の常備兵器になった。漢代には矛《ぼう》状のものと合体し、突き刺す、斬るを兼ね備えた武器も登場した。

唐・宋代では斧《ふ》は対騎兵戦や先陣をきる突撃に使う武器として重宝され、軍隊に大量装備された。斧《ふ》にはさまざまな技法があり、ひとたび躍らせば勇壮このうえない武器である。宋代の大斧《だいふ》の威力は絶大で、弓《きゅう》弩《ど》の攻撃では貫通しにくい鎖子甲《さしこう》も、大斧《だいふ》の打撃にはひとたまりもなかった。

宋軍の大斧《だいふ》による攻撃で敗れた金軍の元帥・兀述《こつじゅつ》は「宋軍の武器は神臂弓《しんぴきゅう》と大斧《だいふ》を除けば、なにほどのものでもないのに」と嘆いたという。

香積寺《こうしゃくじ》の戦い

唐の天宝 15 年（756 年）、李嗣業《りしぎょう》は安禄山《あんろくざん》軍と香積寺《こうしゃくじ》で戦った。李嗣業は長斧を手にした歩兵三千で強大な安禄山の騎兵部隊を撃破し、続いて長安を奪還した。

鉞《えつ》

『広雅《こうが》』に「鉞《えつ》は斧《ふ》である」とあるように、鉞《えつ》は斧《ふ》の異名であるが、鉞《えつ》は一般に斧《ふ》より大きい。刃は曲線で柄も長く、「斧の王」と呼ばれる。殷周時代の鉞《えつ》は武器として使用された。刃は弧線を描き、両端をはね上げるが通常の様式である。刃が直線のものは「方鉞《ほうえつ》」と呼ばれる。柄の装飾は直内《ちょくない》戈《か》（42頁参照）に似ている。戦国時代以降、鉞《えつ》を武器として使用することはなくなり、徐々に権力の象徴となっていった。天子が大臣を封じたり将軍に出征を命じたりする時、鉞《えつ》を下賜《かし》して賞罰や生殺与奪《せいさつよだつ》の権利を授与した。守衛の任に当たる武士は手に鉞《えつ》を持ち、帝王・宰相の周辺ではつねに鉞《えつ》がその威勢を示していた。

殷代の人面銅鉞《じんめんどうえつ》

戦国時代の中山侯《ちゅうざんこう》の鉞《えつ》

殷代の銅鉞《どうえつ》

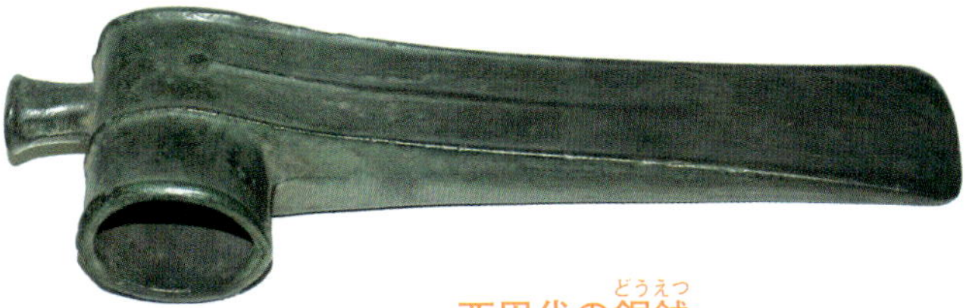

西周代の銅鉞《どうえつ》

甲骨文の「戚《せき》」字

戚《せき》

戚《せき》も斧《ふ》の異名である。形態は鉞《えつ》に近いが、鉞より細く小さめである。鉞は殷代と西周初期に普及した。動物や神獣の紋様で装飾を施したものもある。『礼記《らいき》・文王世子《ぶんおうせいし》篇』に、「大楽正《だいがくせい》、干戚《かんせき》を舞うことを学ぶ」とあるように、戚は武舞の道具として使われていた。戚という呼称は秦代以降なくなった。

大斧《だいふ》

鳳頭斧《ほうとうふ》

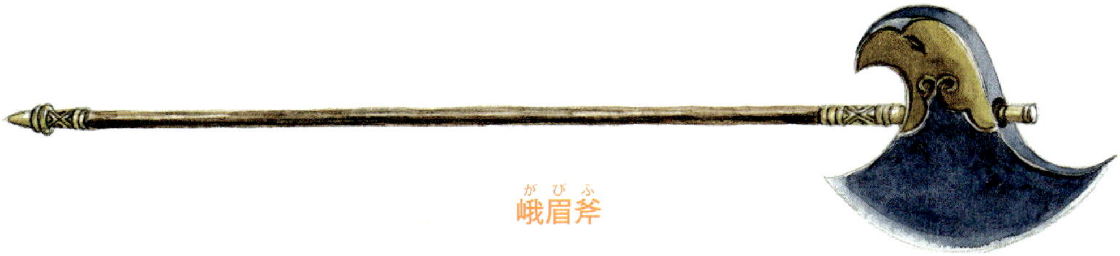

峨眉斧《がびふ》

剉子斧《ざしふ》

『武経総要《ぶけいそうよう》』で紹介されている斧

宋代には大斧のほかに、上のように用途に合わせたさまざまな形状の斧がある。剉子斧《ざしふ》は城壁を登ってくる敵を打撃するための斧である。

『説唐演義（せつとうえんぎ）』の程咬金（ていこうきん）

　古典小説には大斧を駆使する英雄豪傑が数多く現れる。なかでも『説唐演義《せつとうえんぎ》』に登場する程咬金《ていこうきん》は宣花大斧《せんかだいふ》を手にして大暴れする武将である。程咬金は三段階の攻撃法しか知らないが、これがなかなかの威力を発揮する。とりわけ馬上の敵に有効である。

　この三つの連続動作を紹介しておこう。

第一斧

斧を上から振り下ろす

第二斧

相手は武器で斧を受ける。この時、刃を返し、斧身で相手の顔面を攻撃する。

第三斧

第二斧の攻撃が速いため、相手は馬上で反り身になって守るしかない。最接近したこの時、振り向きざまに斧をはらう。相手は反り身から起き上がったばかりなので、この攻撃を避けることができない。

叉(さ)

叉《さ》はフォーク状に分かれた穂先を持つ長柄の兵器である。槍《そう》と同じく突いたり刺したりできる。叉《さ》による傷口は大きくて複雑なので、致命傷になりやすい。もともと叉《さ》は魚捕りや狩猟、穀物をかき集める道具であり、農民の反乱時にはこの種の農具が武器として使われた。それが兵器として発達したのである。『水滸伝《すいこでん》』には猟師あがりの解珍《かいちん》・解宝《かいほう》・夏侯成《かこうせい》、漁師あがりの李俊《りしゅん》・丁得孫《ていとくそん》が登場するが、みな叉《さ》の名手である。

兵器としての叉《さ》は木の柄《へい》に叉頭《さとう》が装着された形である。叉頭には二股と三股のものがある。二股の叉は牛角叉《ぎゅうかくさ》とも呼び、全体に扁平で下部が太く先端が鋭い。三股の叉を俗に三叉戟《さんさげき》と呼ぶ。中央の穂先はまっすぐに伸び、両側は横に出て広がり、防御に使うこともできる。

明代の『三才図会《さんさいずえ》』が紹介しているように、三股叉の両側が上向きのものを「文《ぶん》叉《さ》」と呼び、一方が上向きでもう一方が下向きのものを「武叉《ぶさ》」と呼ぶ。

騎兵に配備される叉を「馬叉《ばさ》」と呼び、多くは三股である。刃は幅広で、突き刺すほかに棍《こん》と鉤《こう》の特徴も持ち合せている。

叉《さ》

叉(さ)の別の用途

古代では叉は儀仗《ぎじょう》用に使われた。唐代の『通典《つてん》』によれば、皇帝の儀仗隊には叉《さ》を手に持つ者が250名いたという。また、当時の仏像、とりわけ四天王像が手にする武器は叉の類である。

鎲 (とう)

鎲《とう》は攻守を兼備した長柄の兵器である。穂先の形状は叉に似通っている。中央に位置する正鋒がやや長く、長槍のように敵を突ける。左右の側鋒は三日月状に反り上がり、敵の攻撃を受けて守ることができる。鳳翅鎲《ほうしとう》、燕翅鎲《えんしとう》、雁翅鎲《がんしとう》など、鎲《とう》は穂先の形状からさまざまに命名されている。

鎲《とう》は独特の形状をしているため、火箭《かせん》（102頁参照）の発射台として使われることもある。明代の戚家軍《せきかぐん》の鎲《とう》担当兵士は一人につき火箭《かせん》30本を装備していた。

鎲《とう》は攻守兼備の便利な兵器であるが、前方に重みがかかりすぎるため、かなり腕力のある兵士でないと使いこなせない。

鎲《とう》

宇文成都《うぶんせいと》

古典小説に登場する鎲《とう》の使い手はみな勇猛果敢で屈強な武将である。『説唐演義《せつとうえんぎ》』の宇《う》文成都《ぶんせいと》はその代表格で、隋の煬帝《ようだい》配下の大将軍である彼は、金メッキの鳳翅鎲《ほうしとう》を駆使した。

鈀(は)

鈀《は》の原型は農具であり、竹や木で作られた。長い柄に横板をつけ、そこに歯を並べた農具を「耙《は》」と呼んだ。土くれを砕き、石ころを取り、雑草を払うために使った。収穫後は穀物や麦わらを干す時に用いた。耙には千年以上の歴史があり、北魏《ほくぎ》の『斉《せい》民要術《みんようじゅつ》』にもこの種の農具が記載されている。耙《は》の歯先は釘に似ているので一定の攻撃力がある。それが徐々に武器へと変化したのである。

武器としての鈀《は》は一般に柄が鉄製で、そのため金偏の文字を使うようになったのである。鈀《は》は「丁」字型で柄がかなり長く、ずっしりと重い。相当に強力な攻撃力があるだけでなく、防御にも有効な兵器である。

鈀《は》の仲間の兵器に「扒《は》」と呼ばれるものがある。打撃部に多くの歯（突起）があるが、先端は尖っておらず、水戦で使用されることが多い。

鈀《は》

鈹(ひ)

鈹《ひ》は主に突き刺すための長柄の兵器である。先端がまろやかで両刃《もろは》という点は長矛《ちょうぼう》と酷似しているが、鈹《ひ》が茎《けい》（なかご）を柄にはめこみ、外から縄でくくりつけて装着するのに対し、矛《ぼう》は骹《こう》に柄をはめこむところに大きな相違点がある。やや平たい茎の形状は剣に似ているが、サイズがやや大きい。また、鈹《ひ》には斬る威力もあるので、よく大刀の祖型と誤認されることもある。

鈹《ひ》は春秋戦国時代に普及した兵器で、戦《せん》国七雄《ごくしちゆう》はみなこの種の兵器を鋳造した。秦の兵馬俑坑《へいばようこう》から出土した鈹は青銅製で、先端部の短剣の長さは約30cmである。断面は六角形で、刃を保護する鞘がある。柄の長さは3.5 mを超え、末端には銅鐏《どうそん》が装着されている。前漢代に鈹は鉄製に改良され、茎と柄の間に固定を強める銅箍《どうこ》（たが）が加えられたが、前漢の後期以降、徐々に姿を消した。

戦国時代の鈹《ひ》

槊 (さく)

槊《さく》は騎兵の突撃専用の長槍である。槊《さく》は非常に長くて重いため、振り回すことは難しく、片腕に固定し、馬の前進力を利用して敵に攻撃を加えた。

宋代の騎兵が使用した槊《さく》には縄紐がかけてあるものがある。これは肩に槊をかけて位置を固定するためである。また、穂先に鉤《こう》が付いたものもある。これで敵を引き倒せるだけでなく、深く入った槍が抜けなくなるのを防ぐ役割がある。

火器が出現してから、重装騎兵の消滅にともない、槊《さく》も戦場から姿を消していった。

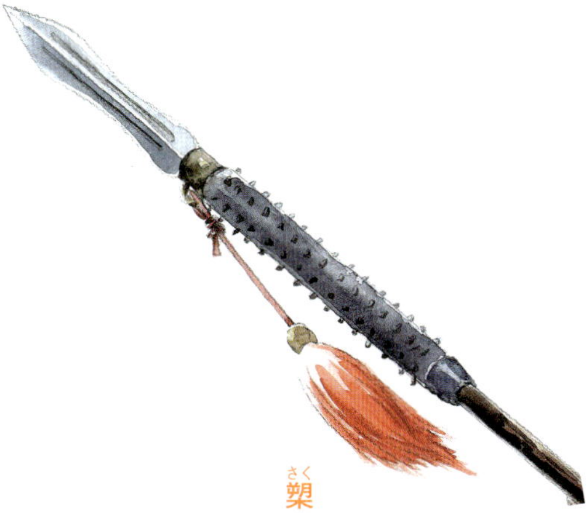

槊《さく》

横槊《おうさく》を手にする曹操《そうそう》

鎩(さつ)

鎩《さつ》も突き刺すための長柄の兵器であり、鈹《ひ》から変化して生まれた。鎩《さつ》が鈹《ひ》と違うのは、骹《こう》に柄をはめこむ点である。刀部と骹《こう》の間に両端が鋭く上に伸びた突起があり、実戦で防御の役割を果たす。

鎩《さつ》は秦・漢代によく使われた兵器である。全体に細めで、長さは25cmから30cmくらいである。出土品には長柄のほかに短柄を装着したものがある。これは古い文献に「長鎩を操る」「短鎩を執《と》る」とあるのと符合する。後漢以降、鎩は鈹と同様に徐々に姿を消していった。

刺《し》
外観は短剣に似ており、刃が長く、先端が鋭利で稜がある。

鐔《たん》
上にはねた両翼で攻撃を防御する。

鎩《さつ》

鎩《さつ》を持つ漢代の兵士

長錘（ちょうすい）

長錘《ちょうすい》は球状の頭部を柄につけた打撃兵器である。錘は石、銅、鉄製である。球形のほかに、瓜形やニンニク球の形などがあり、稜《りょう》やスパイク付きもある。柄は木製が多いが、鉄製もある。鉄製の場合、錘頭《すいとう》と一体に鋳造することもある。錘頭のさまざまな形状に基づいて「鎚《つい》」「椎《つい》」「槌《つい》」「骨朶《こつだ》」「金瓜《きんか》」といった呼称がある。原始時代に、打撃のパワーを強化するために棒の先に石を装着したのが石錘《せきすい》の始まりと言えるだろう。

殷・周時代は戦車が隆盛を迎えていたので、錘《すい》の類の兵器はほとんど使用されなかった。漢代では美しい布で錘をくるみ、儀《ぎ》仗《じょう》用の装飾品として扱われた。しかし、錘《すい》には遠心力による非常に大きな打撃力がある。兵士が甲冑で重装するようになった南北朝時代に錘は注目を浴び、実戦で運用されるようになった。

北方の遊牧民族は錘《すい》の使用に長け、古く春秋時代から、尖ったイボ状の突起をちりばめた円柱形の錘《すい》を使って攻撃してきた。モンゴルの大軍も接近戦用の兵器として錘《すい》を使用した。よく使われたのは六稜形の瓜《か》錘《すい》であり、鉄のチェーンで柄の先端に六角形の錘を装着した。清軍も※山海関《さんかいかん》内に入ってから錘《すい》を重視するようになり、特別に鉄錘軍を編成した。

錘《すい》

蒺藜骨朶《しつれいこつだ》

殺傷力を増すためにハマビシの実形の鋭い突起を錘頭に加えたのが蒺藜骨朶《しつれいこつだ》である。

※山海関：華北と東北の境に位置し、首都防衛の任にあたった難攻不落の要塞。

清代の錘《すい》を捧げ持つ門神年画《もんしんねんが》

宋代の正月用の門神は甲冑を着て金瓜《きんか》を捧げ持つ二名の鎮殿《ちんでん》将軍である。清代にもそれは受けつがれ、年画にして正門に貼り、邪気をはらい一家の平安を祈った。

狼筅(ろうせん)

狼筅《ろうせん》は長柄で、枝をたくさんつけた兵器である。明代に初めて登場した。狼筅《ろうせん》は孟宗竹《もうそうちく》で作り、先端に切っ先を備え、竹の柄に枝をそのまま残している。もともとは農民反乱軍の突撃用武器であった。

明代の中期から後期にかけて、中国の東南部沿海一帯は倭寇《わこう》の攻撃にさらされた。明軍の兵器は日本刀で切断され、劣勢に立たされた。明の将軍・戚継光《せきけいこう》は、狼筅《ろうせん》は枝葉が交錯し、柄も長くしなやかなので理想的な防御兵器であることに気づき、特別に狼筅《ろうせん》兵を編成した。さらに従来の狼筅《ろうせん》に改良を加え、柄を５ｍに延ばして穂先に鉄槍《てつそう》を装着し、枝葉も切り整えて桐油《とうゆ》をつけ、毒薬を塗った。この狼筅《ろうせん》は長くて重いため、単独の戦闘には向いていないが、しなる枝を切断するのは難しく、長槍《ちょうそう》より長くて攻撃されないという利点がある。戦闘時には狼筅《ろうせん》兵が前に立ち、他の兵器と組み合わせて二列縦隊の「鴛鴦陣《えんおうじん》」を構成することで歩兵の戦闘力は大幅に向上し、倭寇をしばしば撃退した。

狼筅《ろうせん》は太くて重いので、水田に置けば敵軍の突進を阻む効果もあった。

戚継光《せきけいこう》の鴛鴦陣《えんおうじん》

戚継光（せきけいこう）と狼筅（ろうせん）

戚継光は『紀效新書《きこうしんしょ》』の中でこう述べている。兵はいざ実戦となると、ふだん訓練に励んでいても平常心を失って慌てふためく。狼筅は目の前に枝葉があり、適度な間合いが作れるので士気が高まり、足が地に着く。つまり、狼筅は敵を防ぐだけでなく、味方の士気を鼓舞する武器でもあった。

戚継光《せきけいこう》

矛頭《ぼうとう》
梢に鋼の鉤《こう》を仕込む。
柄《へい》
柄には長い竹を用いる。

狼筅《ろうせん》

三

短兵器

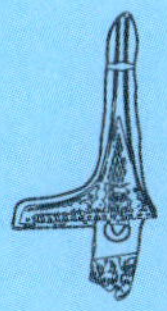

短兵器《たんへいき》とは手に持つ短めの戦闘兵器の総称で、代表的なものとしては刀《とう》・剣《けん》・斧《ふ》・鞭《べん》がある。短兵器は刺すことも斬ることもでき、接近戦で大きな力を発揮する。

火器のない冷兵器《れいへいき》の時代、歩兵は短兵器を必ず装備した。短兵器は主に片手で使用するが、殺傷力を増すために両手で扱うこともある。

剣(けん)

剣《けん》は重要な短兵器であり、まっすぐで先端が鋭利に尖り、両側に刃がある。接近戦で刺す、斬るといった戦闘が可能である。剣は短い柄を持ち、剣鞘《けんしょう》に収める。

中国に剣が登場したのはやや遅い。石器時代は石の材質の問題から細長く先が尖った剣の形を作るのが困難で、剣類の兵器は使用されなかった。青銅時代になって、矛《ぼう》や短い匕首《ひしゅ》から変化してようやく剣が生まれた。西周代に周辺の異民族の影響を受けて中原《ちゅうげん》でも短剣が登場した。刃は曲線を描き、先端は鋭角に尖っていた。しかし、当時は戦車戦が主流であり、接近戦で防御のために剣が使われる例は少なかった。

春秋時代になって中原の銅剣にも独自の風格が備わるようになった。剣茎《けんけい》（手元の部分）は円柱形で、剣脊《けんせき》が先へ延びているが、茎と脊の間に明確な境い目はない。剣の長さは40cm以下が多く、以前と比べて刃は直線的になり、先端の角度も大きくなって強度と硬度が増した。剣は主に突き刺すために使われたため、「直兵《ちょくへい》」と呼ばれた。当時の剣には剣首があり、剣鞘に収めた。鞘の中ほどには突起した璏《えい》があり、佩剣《はいけん》に使う（79頁参照）。

春秋時代の晩期から戦国時代の中期にかけてが剣の発達のピークである。中国南方の呉や越は山林が多く水路も縦横に走っているため、軍事行動をとる際は剣や盾を装備した歩兵が主力であった。水戦では短剣を手にした兵士が活躍した。剣に対する評価の高さは、当地における剣の製作技術に長足《ちょうそく》の進歩をもたらした。呉王・夫差《ふさ》、越王・勾践《こうせん》ら勇名を馳せた君主たちはみな精緻このうえない宝剣を身につけていた。

戦国時代になると、脊と刃で銅と錫《すず》の配合が異なる青銅複合剣が登場した。これによって強靭な脊と鋭利な刃をもつ剣が生まれ、殺傷力が高まった。秦漢代になると、剣は歩兵・騎兵の重要な武器となった。この頃、剣を佩《お》びて遠出するのが貴族・名流の間で流行した。また、官吏は帯剣すべしという法令が下されたため、剣は権力の威厳という性質を帯びるようになった。

三国時代以降になると、剣は実戦の場面から退場し、鍛錬の道具や装飾品という位置づけになったが、剣の製作そのものは日に日に高度化した。

清の乾隆帝《けんりゅうてい》は剣をこよなく愛した。在位時にはたびたび内務府に剣具の製作を命じ、みずから佩剣《はいけん》して楽しんだ。その剣はいずれも美を極めた見事な工芸品である。

西周代の銅剣

陝西《せんせい》省長安県張家坡《ちょうかは》の西周代の墳墓から出土した青銅剣。長さは27cm、柳葉形で両面に稜《りょう》が走り、茎の部分に二つの円い穴があって木の柄につなぐ。

殷代の幅広の銅剣

春秋時代の呉王《ごおう》・光《こう》の剣

戦国時代の双環首雲紋銅剣《そうかんしゅうんもんどうけん》

戦国時代の越王《えつおう》・州句《しゅうく》の剣

前漢代の盤龍《ばんりょう》柄《え》銅剣《どうけん》

前漢代の銅剣

双色剣（そうしょくけん）の製造

春秋時代、南方の呉《ご》と越《えつ》では銅剣製造が発達し、多数の剣が製造された。初期の青銅剣の多くは銅と錫《すず》の合金である。錫は硬いが脆く、銅は柔らかいが強靭という性質がある。錫を多く含む銅剣は刃が鋭利であるが脆いという欠点があり、強い衝撃を受けると折れるおそれがある。錫の含有が低い青銅剣は強靭ではあるが柔らかすぎ、刃が鈍いうえにすぐまくれてしまう。この問題を解決するために独創的な方法が編み出された。まず中心となる剣脊《けんせき》には銅の多い材料を用いて強度を保証し、刃には錫の多い材料を用いて鋭利さを保証した。こうして作られた剣の脊は黒ずみ、刃は輝いていて二色を呈し、双色剣《そうしょくけん》と呼ばれた。

①鉱石を採取する。

②滑り桶で鉱石を選別する。

③青銅の精錬。

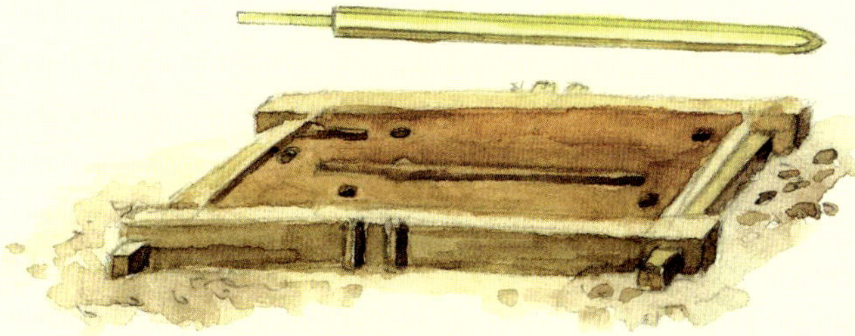

④剣脊《けんせき》の鋳型を作る。

⑤錫《すず》の少ない青銅を鋳型に流しこむ。

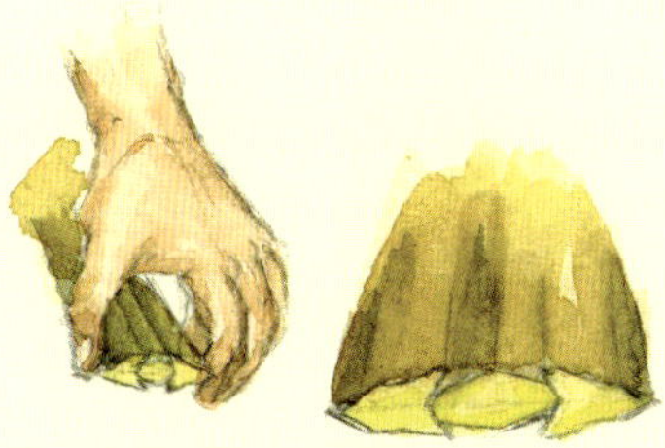

⑥剣脊の断面を見ると、両端に小さな突起（ほぞ）が残る。これを「燕尾《えんび》」とも言う。

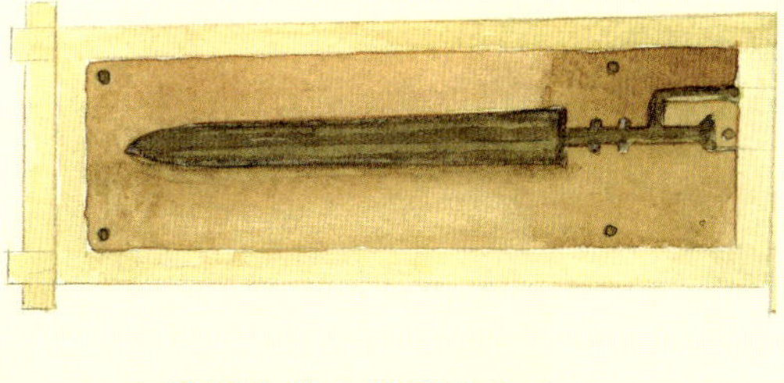

⑦剣全体の鋳型を作る。

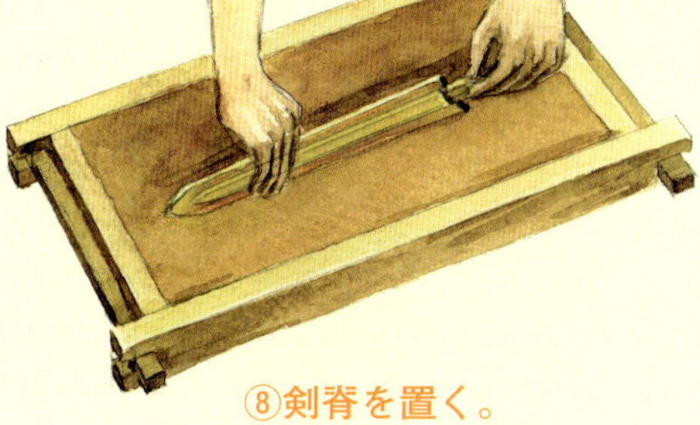

⑧剣脊を置く。

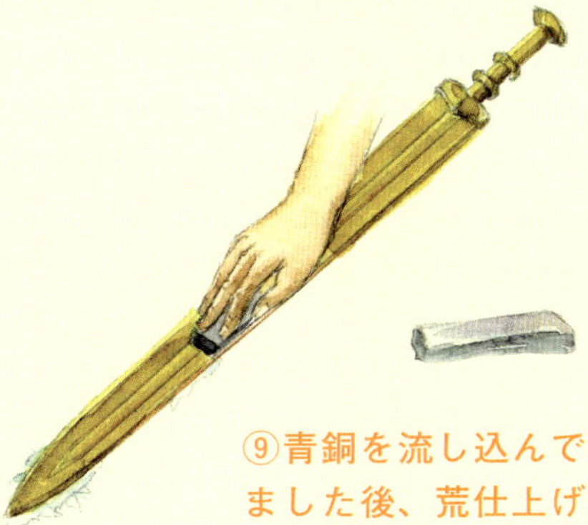

⑨青銅を流し込んで冷ました後、荒仕上げ具で磨きをかける。

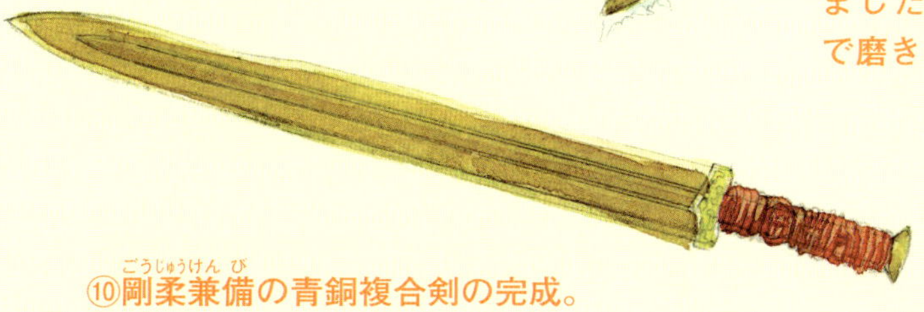

⑩剛柔兼備《ごうじゅうけんび》の青銅複合剣の完成。

越王《えつおう》・勾践《こうせん》の剣

越王《えつおう》・勾践《こうせん》の剣は 1965 年に湖北省荊《けい》州《しゅう》市望山《ぼうざん》の楚墓《そぼ》から出土した。全長は約 55.7cm で、剣身の中央線に稜《りょう》が立ち、刃はやや曲線を描き、全体に黒い菱形紋様が入っている。剣格の両面には幾何紋様が施され、前面には青色ガラス、背面にはトルコ石がはめこまれている。格《かく》に近い場所には２行８文字の銘文「越王鳩淺自作用劍」が鳥篆書《ちょうてんしょ》で刻されている。「鳩淺」とは越王・勾践の本名である。地下に埋蔵されて 2400 年を経たこの剣は木鞘に収められ、錆もなく美しい輝きを放っていた。刃も鋭利であり、「天下第一の剣」「青銅剣の王」の誉れも高い。

越王《えつおう》・勾践《こうせん》の剣

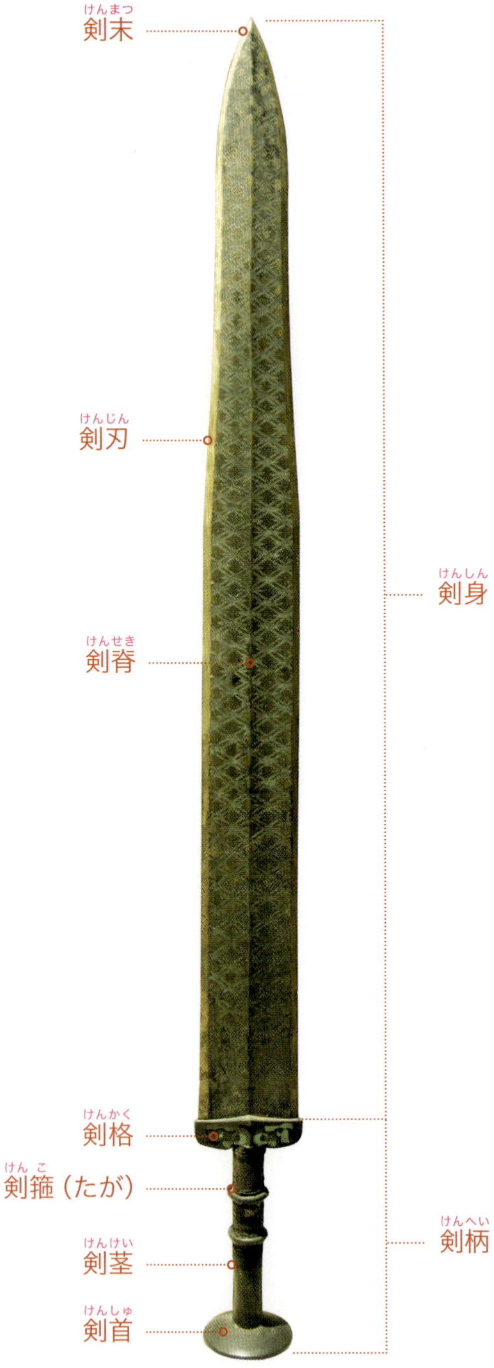

剣の各部位の名称

欧冶子 (おうやし) の鋳剣

欧冶子《おうやし》は春秋末年から戦国初めの越国の鋳造職人である。当初、彼は青銅剣や鉄《かな》鋤《すき》、鉄斧などの工具を鋳造していたが、腕を上げるにつれ兵器を鋳造し始めた。「魚《ぎょ》腸《ちょう》」「純鈞《じゅんきん》」「勝邪《しょうじゃ》」「湛盧《たんろ》」「巨闕《きょけつ》」といった世に名高い名剣の数々はみな彼の手になるものである。欧冶子は工夫と研鑽《けんさん》を重ね、青銅と鉄の性質の違いを見極めて初の鉄剣、「龍淵《りゅうえん》」を鋳造し、中国における冷兵器開発の先駆者となった。

欧冶子《おうやし》の剣の鋳造

欧冶子《おうやし》の伝説の名剣の数々

魚腸剣《ぎょちょうけん》

勇絶《ゆうぜつ》の剣。呉の公子・光《こう》はこの剣で専諸《せんしょ》に呉王・僚《りょう》を殺害させた。僚は魚の炙り焼きが好物であった。専諸は料理人になりすまし、手にした盆にある魚の腹から短剣を取り出して呉王・僚を刺殺した。そのため専諸が用いた短剣は魚腸剣と呼ばれるようになった。公子・光は呉王・闔廬《こうりょ》となったが、闔廬の死後、魚腸剣も海涌山《かいゆうざん》に陪葬《ばいそう》された。後に秦の始皇帝が天下を統一してから、呉王の墓を探したが、魚腸剣のありかは杳《よう》として知れなかったという。

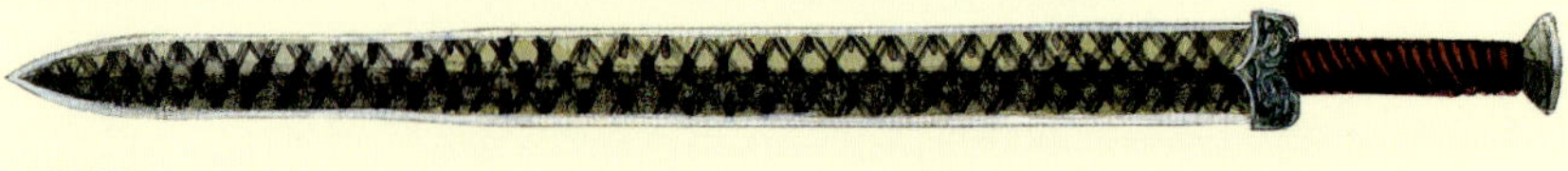

純鈞剣《じゅんきんけん》

尊貴無双の剣。『越絶書《えつぜつしょ》』によれば、剣身は菱紋格子で覆われ、絢爛《けんらん》と輝く様は天の星々がゆっくりと動くようで、その輝きは春の水があふれ出て波が波に連なるようであるという。この剣の切れ味は断崖絶壁のような鮮やかさである。呉の名将・伍子胥《ごししょ》がこの剣を佩《お》び、後に杭州の銭塘江《せんとうこう》に沈められたと伝えられている。

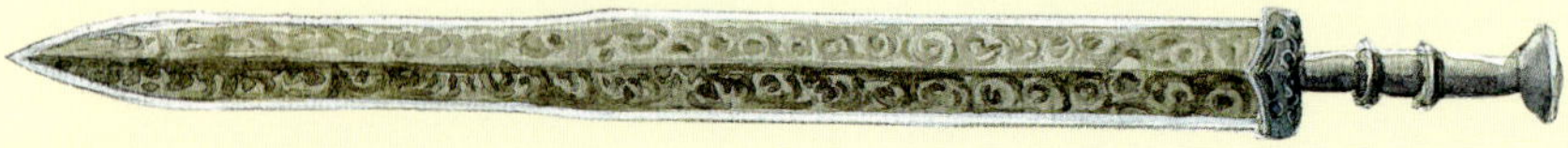

勝邪剣《しょうじゃけん》

勝邪剣に関する記載はあまり多くないが、『越絶書』がこう伝えている。宝剣には青・赤・黄・白・黒の光芒《こうぼう》が同時に現れ、どの色も他の邪魔をしてはならないという特性があるが、勝邪剣はこの点でわずかに劣るところがあった。

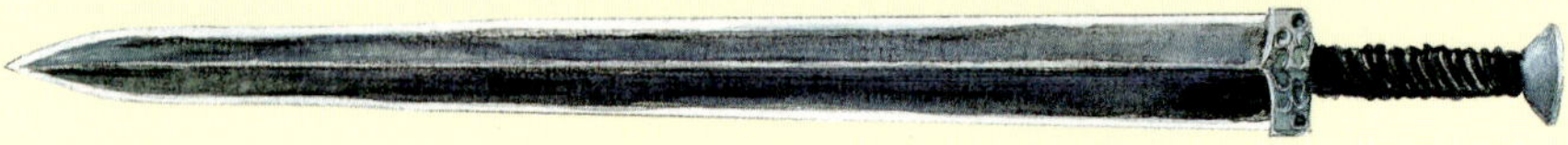

湛盧剣《たんろけん》

仁道の剣。「湛盧《たんろ》」「湛瀘《たんろ》」とも呼ぶ。全体が「湛湛然《たんたんぜん》として黒」、深く黒光りしていることから命名された。この剣も流転を経、南宋代には名将・岳飛《がくひ》が所持したという。

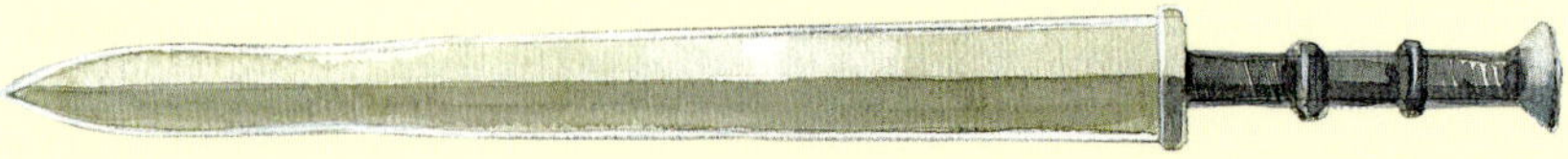

巨闕剣《きょけつけん》

越王・勾践《こうせん》が宮中の露台に座っていた時、馬が暴れて馬車が横転し、飼育していた白鹿を驚かせた。そこで勾践が巨闕を抜いて馬車を真二つにしたという。その切れ味は抜群で、鉄鍋をいとも簡単に切り裂くほどであった。

七星龍淵（しちせいりゅうえん）——誠心と高潔の剣

この剣は欧冶子《おうやし》と干将《かんしょう》という二大名鋳造職人が共作したとされる。山から水を引いて炉に導くまでに北斗七星の形にプールを七つ設けたので「七星」、剣身がまさしく山あいにひそむ巨龍のようであったので「龍淵」と名付けた。

春秋の末年、この七星龍淵剣は伍子《ごし》胥《しょ》の持ち物となった。彼は佞臣《ねいしん》に陥れられて逃亡を余儀なくされたが、その時佩《お》びていたのがこの剣である。ある日、伍子胥は兵に追われて河のほとりまで逃げてきた。間一髪のところ、一艘の小船がやってきて彼を救ってくれた。漁師にお礼がしたいと、伍子胥は腰にある七星龍淵剣を差し出した。しかし、漁師は国に忠良なあなたを救わんとしたまでで、金品などいらない、我が高潔の心ばえをお見せしようと言って、その剣で自刃してしまった。

伍子胥《ごししょ》、剣を贈る

項荘《こうそう》剣を舞う、意は沛公《はいこう》に在《あ》り

秦·漢代には剣舞が流行し、歴史上でも数多くの逸話が伝えられている。なかでも『史記《しき》・項羽本紀《こううほんぎ》』が述べる鴻門《こうもん》の宴での項荘《こうそう》の剣舞は有名である。項羽の臣下・范増《はんぞう》は、項羽と天下を争う沛公《はいこう》・劉邦《りゅうほう》を剣舞にかこつけて殺せと項荘に命じた。項荘の意図に気付いた項伯《こうはく》は自分も剣を抜いて舞い、身を挺して沛公を守った。

玉具剣《ぎょくぐけん》

玉具剣《ぎょくぐけん》は剣首や剣柄などに玉石を配した剣である。剣の先が鋭利でまっすぐなところは「正直《せいちょく》」、剣を鞘に収めて他を傷つけないところは「仁義」、剣で身を守るところは「忠勇」に通じる。西周から春秋時代にかけて、玉と剣とは君子の象徴であり、貴族が身に佩《お》びた。玉具剣はこうした時代背景のもとで現れた。前漢の紋様は獣面紋《じゅうめんもん》が主で、蟠螭《ばんち》（絡み合った龍の図案）の浮き彫りが流行した。透かし彫りの装飾など、玉の装飾は華美を極めたものになった。南北朝以降、佩剣《はいけん》法の変化とともに玉具剣は減っていった。

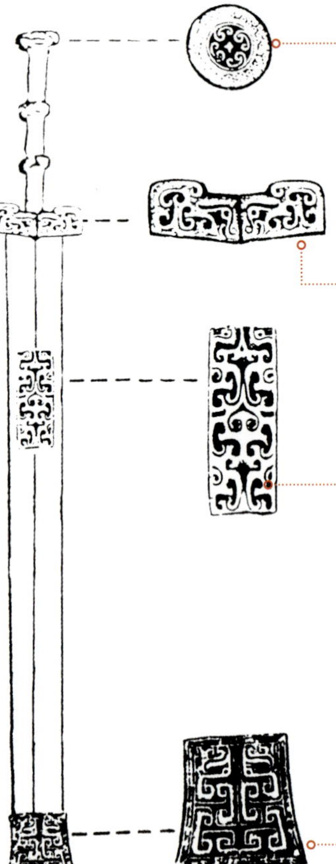

前漢の玉の剣首《けんしゅ》

前漢の玉の剣格《けんかく》

前漢の玉の剣璏《けんえい》

玉による剣の装飾

玉具が完備された剣には玉首《ぎょくしゅ》、玉格《ぎょくかく》、玉璏《ぎょくえい》、玉珌《ぎょくへい》がある。首《しゅ》と格《かく》は剣身に、璏《えい》と珌《へい》は鞘に装飾されている。

前漢の玉の剣珌《けんへい》

玉具鉄剣《ぎょくぐてつけん》

佩剣（はいけん）の方法

古代の佩剣《はいけん》の方法には二種類あり、魏《ぎ》・晋《しん》代に変化が生じた。

璏《えい》を使った佩剣《はいけん》法

　この佩剣法は東周から魏・晋代まで中原《ちゅうげん》地域で広く行われた。剣鞘《けんしょう》の璏《えい》に紐を通し、それを腰帯で締めるやり方である。この方式は剣が体に密着するので、動きの邪魔にならない。だが、長剣を抜くには不便なので、剣を背にずらすことが多かった。これを「負剣《ふけん》」と呼ぶ。
『史記・刺客列伝』には、荊軻《けいか》が秦王を匕首《ひしゅ》で襲った時、秦王はとっさのことで長剣が抜けず、周りの者が「剣を背に、剣を背に」と注進してはじめて気付き、事なきを得たとある。

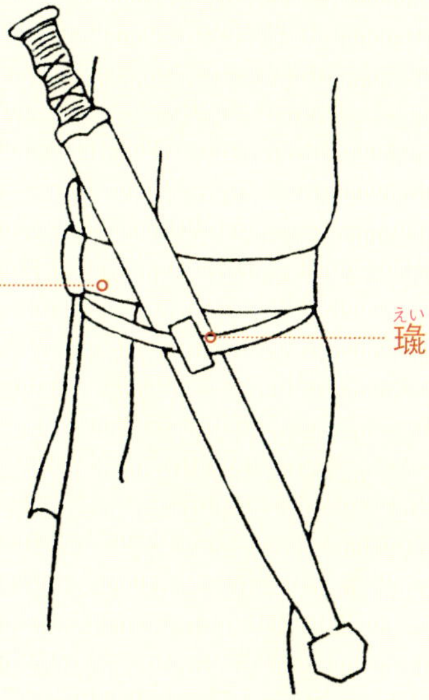

璏《えい》を使った佩剣《はいけん》法

耳《じ》を使った佩剣《はいけん》法

　この佩剣法は魏・晋代に中原《ちゅうげん》に伝えられ、従来の方式に取って代わった。
　剣鞘の上部に穴の開いた耳が二つあり、それに紐を通して腰帯から吊るすやり方である。剣鞘には二箇所の固定点があるので安定性に優れ、長刀や長剣を佩《お》びるのに適している。

『中興四将図《ちゅうこうよんしょう》』

双剣《そうけん》

一本の剣を縦裂きにしたものが双剣《そうけん》である。剣格も半分ずつで、互いに合わさる部分は平面である。通常の単剣には脊《せき》が二つあるが、双剣は一つである。柄首《へいしゅ》には穂《すい》が一つずつあり、二本を一つの鞘に収める。

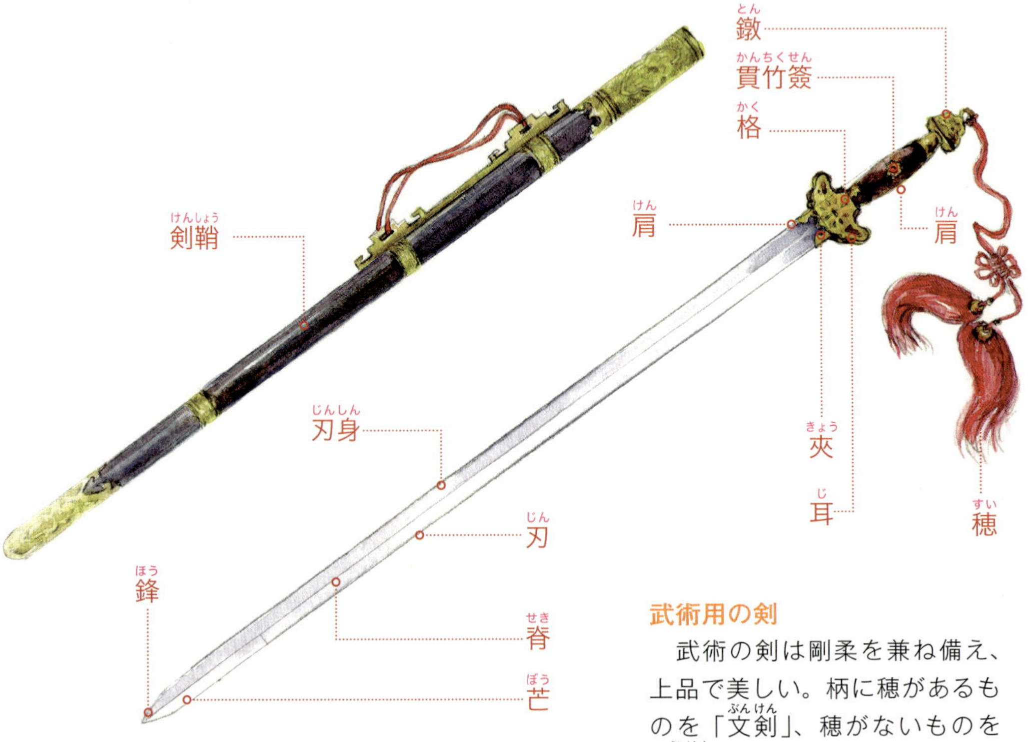
鐓《とん》
貫竹簽《かんちくせん》
格《かく》
剣鞘《けんしょう》
肩《けん》
肩《けん》
刃身《じんしん》
夾《きょう》
刃《じん》
耳《じ》
穂《すい》
鋒《ほう》
脊《せき》
芒《ぼう》

武術用の剣

武術の剣は剛柔を兼ね備え、上品で美しい。柄に穂があるものを「文剣《ぶんけん》」、穂がないものを「武剣《ぶけん》」と呼ぶ。

刀《とう》

刀《とう》は片刃を使って斬る戦闘用武器で、刀《とう》身《しん》と刀柄《とうへい》からなる。刀身は細長く、刃は薄く脊《せき》が幅広であることが主な特徴である。歩兵用の刀には二種類ある。一つは柄《へい》が長く、両手で握り、柄首《へいしゅ》に環《かん》があり、銅製の鍔《がく》が小さめなものである。もう一つは、片手で持ち、柄《へい》に鍔《がく》があって刃がまっすぐなもので、盾《じゅん》とセットで戦闘に用いた。

原始時代に刀は石や骨、銅などで作られたが、漢代以前は刀などの短兵器はあまり発達しなかった。刀の製作は全体的に荒っぽいものであったが、見事な出来ばえの刀も少なくない。

前漢代に騎兵が戦場を駆けるようになると、斬って殺傷する方法が有効になったため、それまで普及していた剣に代わって刀が広く使われるようになった。当時、使用されたのは鉄製の環首刀《かんしゅとう》である。片方が刃、もう片方は分厚い刀脊《とうせき》で折れにくい。環首刀は盾とともに歩兵に装備され、南北朝時代まで使われた。

隋・唐代に使われたのは鞘に両耳がついたもので、実戦で使用された短柄の刀を「佩刀《はいとう》」と呼んだ。佩刀は全兵士必備の兵器であると『新唐書《しんとうじょ》・兵志』も述べている。

北宋代には短柄で片手で持つ刀を「手《しゅ》刀《とう》」と呼んだ。『武経総要《ぶけいそうよう》』の図版によると、この刀は刀身がやや幅広で、細長い形から手元が大きい形に改められ、刀頭が少し上にはねている。鍔《がく》はあるが、大きな環《かん》や装飾はない。この基本形のもと、各種の長柄の刀が登場した。

元・明代は海外との交流が盛んで、ポス刀（トルコ・アラビア産の湾曲した長刀）と日本刀（倭刀《わとう》）が大量に輸入され、中国の刀に大きな影響を及ぼした。

明の軍隊は火器を大量装備していたが、刀は歩兵と騎兵にはなくてはならない武器であった。短柄刀には長刀《ちょうとう》、腰刀《ようとう》、短刀《たんとう》の三種があり、刀身がやや反っている。短刀は騎兵が用い、腰刀は藤牌《とうはい》とセットで使う。長刀は日本刀の模倣であり、全長も柄も長めで、両手で使う。

清代の短柄の長刀は基本的に明代を踏襲したが、刃はまっすぐで、二筋の血槽《けっそう》（刀身に入れられた浅い溝）があり、鍔《がく》は楕円形である。宮廷用の刀は華麗な装飾に満ちている。刀身には金細工が施され、刀首には宝石がはめこまれている。鞘は紋様付きの鮫革《さめがわ》で覆われ、上下には透かし彫りの入った銅製入り子が備わっている。鞘の中ほどやや上には銅箍《どうこ》（たが）があって刀帯につなげる役割を果たしている。

殷代の短柄で頭をもたげた銅刀

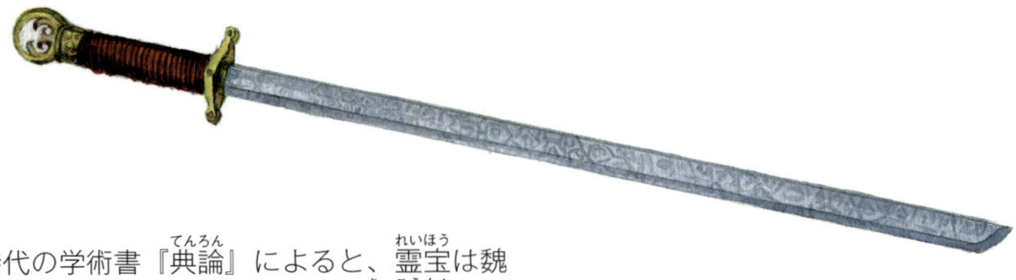

霊宝《れいほう》

三国時代の学術書『典論《てんろん》』によると、霊宝《れいほう》は魏文帝・曹丕《そうひ》のために作られたという。亀甲紋《きっこうもん》に似た紋様が特徴。

神術《しんじゅつ》

梁の陶弘景《とうこうけい》『古今刀剣録《ここんとうけんろく》』によると、神術《しんじゅつ》は北方中国を統一した前秦の君主・符堅《ふけん》のために作られた名刀である。

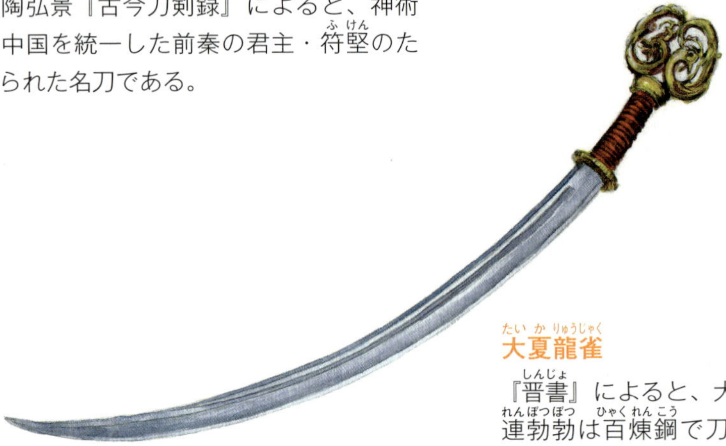

大夏龍雀《たいかりゅうじゃく》

『晋書《しんじょ》』によると、大夏の君主・赫《かく》連勃勃《れんぼつぼつ》は百煉鋼《ひゃくれんこう》で刀を作った。龍と雀の環が付いていたので「大夏《たいか》龍雀《りゅうじゃく》」と呼んだ。

環首刀《かんしゅとう》

環首刀《かんしゅとう》は前漢代に誕生した。鉄を繰り返し鍛造《たんぞう》して製作された直刃の長刀である。その外観は剣のなごりを留めている。柄の末端に環《かん》があるため、こう命名された。環首刀《かんしゅとう》は隋・唐代まで戦場における重要な兵器であった。唐代に鍔《がく》（つば）を追加し、円い環を取り去るという改良が加えられ、軍隊に配備された。この刀を「横刀《おうとう》」「唐大刀《とうだいとう》」と呼ぶ。この種の両手で持つ刀具は日本刀に大きな影響を及ぼしたと思われる。

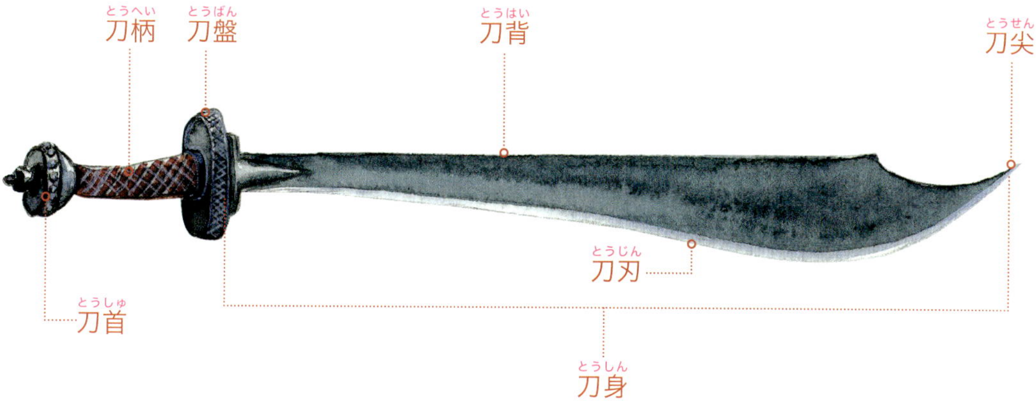

刀の各部位の名称

明代の短刀

明代の長刀

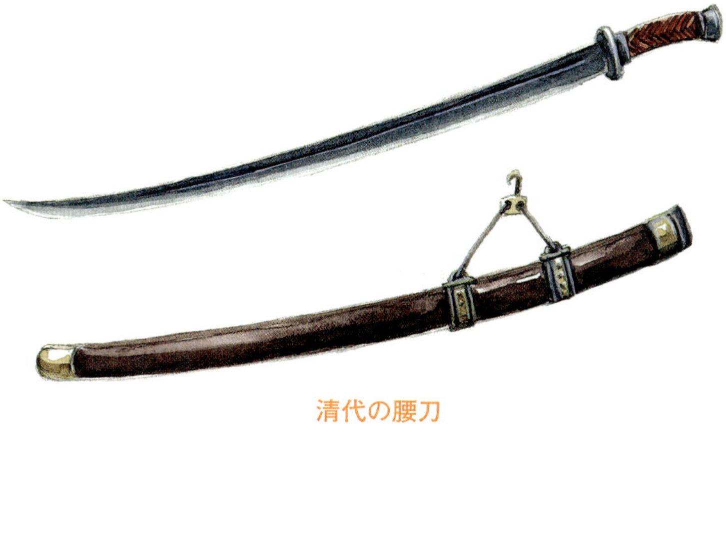

清代の腰刀

腰刀《ようとう》を持つ清代の兵

短鞭《たんべん》

鞭《べん》には硬軟の二種があるが、ここで取りあげるのは銅または鉄など金属で作られた硬鞭である。硬鞭の形態は刀や剣に似ていて、鞭身《べんしん》と鞭柄《べんへい》でできている。鞭身には竹の節状の突起があり、先に向けて細くなっているので、竹節鋼鞭《ちくせつこうべん》とも呼ぶ。鞭に刃はないが、きわめて堅牢であり、かなりの重量がもたらす打撃力は重装備の敵にも大きな殺傷力がある。鞭の先は尖っていて突き刺すこともでき、折れる心配もない。力と技があれば相手を制することができる。ただ、軍隊への配備は少なく、パワーのある勇猛な武将が片手で使うだけである。

鞭《べん》の起源は古く、春秋時代には登場している。かつて楚《そ》にいた伍子胥《ごししょ》は父と兄を平王に殺され、呉に逃亡して楚への復讐の機会をうかがった。後に呉軍が楚の都に攻め入った時、平王はすでに亡くなっていたが、伍子胥はその墓を暴き、屍に鞭打って怨みを晴らした。その時使われたのがこの短鞭である。

鞭《べん》

鞭《べん》をとる尉遅敬徳《うっちけいとく》

鐧(かん)

鐧《かん》は鞭《べん》に似た短柄の打撃兵器である。刃はなく、先がやや細く、手元に柄がある。鐧《かん》の形状は四角か三角で、稜《りょう》はあるが節はなく、先端も尖っていない。鐧《かん》は鞭よりシンプルな武器であり、通常は両手に一本ずつの双鐧《そうかん》で使う。

柄《へい》は円柱形と扁平の二種があり、柄と打撃部位の間に鍔《がく》（護手《ごしゅ》）がある。柄の末端に環《かん》があり、糸紐や牛筋で手首にかけておく。戦闘で武器を落とした時、いったん逃げておいて、敵将が追いすがるのを待ってやおら鐧《かん》を抜き、振り向きざまに一撃を見舞うのが戦場での鐧《かん》の使い方である。

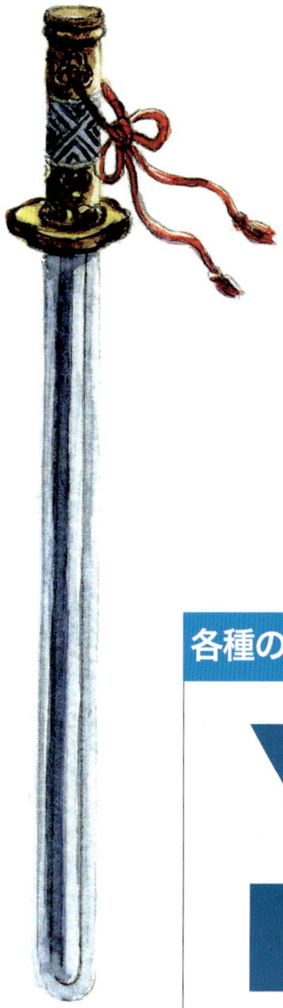

鐧《かん》

各種の鐧の断面

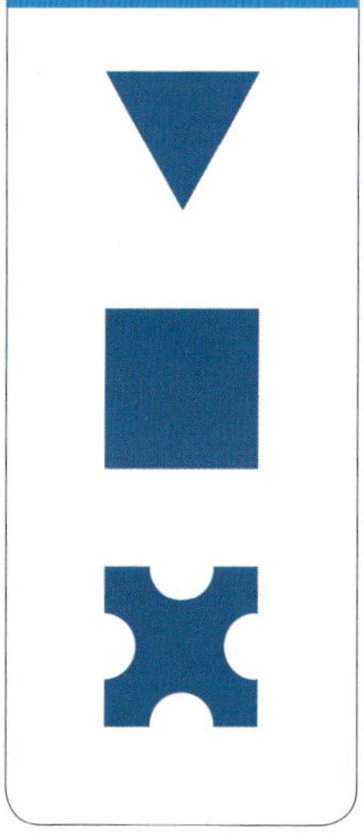

鐧《かん》をとる秦叔宝《しんしゅくほう》

門神《もんしん》

『説唐演義《せつとうえんぎ》』に登場する尉遅敬徳《うっちけいとく》と秦叔宝《しんしゅくほう》はそれぞれ鞭と鐧の名手である。二人が戦う「三鞭両鐧《さんべんりょうかん》」の故事は有名である。この勇猛果敢な武人は後世、家内安全を祈る門神となった。

短斧（たんふ）

短柄《たんぺい》の斧《ふ》はきわめて殺傷力の高い戦闘兵器であり、板斧《はんふ》がその代表である。板斧《はんふ》の斧《ふ》は扇形で、先端は湾曲している。刃は硬質の鋼で鍛造され、柄は木製である。斧《ふ》の戦闘法は多彩であり、パワーのある武将が一把ずつ両手に持って使う。宋代では斧《ふ》は接近戦の主力兵器であるだけでなく、トンネルを掘る道具でもあった。

斧《ふ》

短錘（たんすい）

短柄の錘《すい》の形態は長斧《ちょうふ》（53頁参照）と似ているが、柄が短いため、錘《すい》はより重くなり、強烈な破壊力を秘めている。短錘《たんすい》は二本一対で使うことが多いため、「双錘《そうすい》」と呼び習わされている。

短錘《たんすい》

厳成方《げんせいほう》

岳雲《がくうん》

八錘四大将《はちすいしたいしょう》

岳飛《がくひ》配下の厳成方《げんせいほう》、岳雲《がくうん》、何元慶《かげんけい》、狄雷《てきらい》の四名はみな双錘を使いこなす猛将であり、「八錘四大将」と呼ばれる。双錘は小説類でも雷鼓甕《らいこおう》金錘や八楞梅花亮《はちりょうばいかりょう》銀錘などと命名されているが、材質から言うと厳成方は金錘、岳雲は銀錘、何元慶は銅錘、狄雷は鉄錘である。

何元慶《かげんけい》

狄雷《てきらい》

鉤(こう)

鉤《こう》の刃は内側に湾曲しており、接近戦で使用する戦闘兵器である。鎌《れん》や戈《か》、戟《げき》と同じく後方から引っかけて殺傷する「勾兵《こうへい》」類であり、力を前にかける「刺兵《しへい》」類の武器とは対照的である。両者は相互に補完する関係にある。『漢書《かんじょ》・甘延寿《かんえんじゅ》伝』に「鉤《こう》は剣に似ているが湾曲している」とあるように、短柄の鉤《こう》は刀や剣から生まれた。

戦国時代には防城戦の際に鉤《こう》はよく使われた。城壁を登ってくる兵や地下道で攻めてくる敵に対して使われた。鉤《こう》は補助的な兵器であり、実戦用としてそれほど普及しなかったが、中国の古典文学の中ではさかんに活躍している。

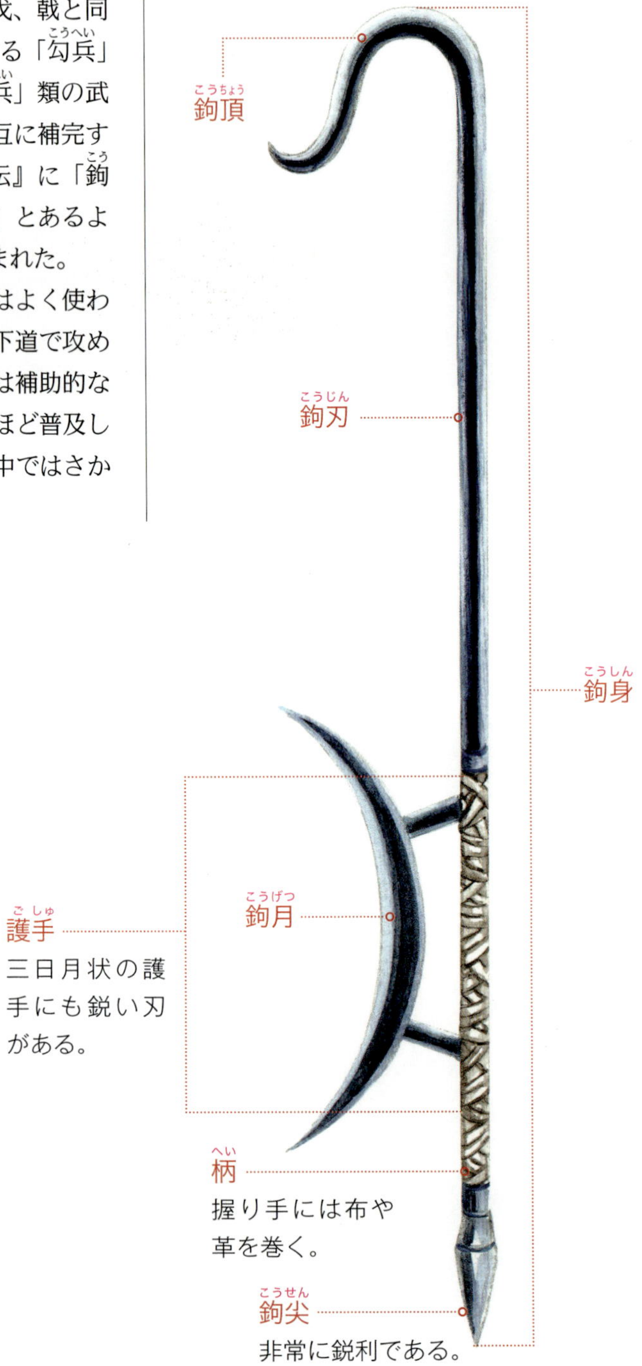
鉤頂《こうちょう》
鉤刃《こうじん》
鉤身《こうしん》
護手《ごしゅ》
三日月状の護手にも鋭い刃がある。
鉤月《こうげつ》
柄《へい》
握り手には布や革を巻く。
鉤尖《こうせん》
非常に鋭利である。

護手鉤《ごしゅこう》

護手鉤《ごしゅこう》は三日月状の護手を付けた鉤である。殺傷力が高く、両端の切っ先で敵を突き刺せるだけでなく、刀や剣と併用することで盾の役割を担い、相手の武器を鉤でからめて使えなくしたところを短兵器で攻撃する。攻守兼備の護手鉤は両手で持つこともできるが、習熟していないと自分を傷つける場合がある。

拐《かい》

拐《かい》は取っ手のある棒とみなせる。主に民間や武術の分野で広く使われている。短い拐《かい》は二本同時に使え、短兵器の補助としても使える。拐《かい》の持ち手はいろいろ変えることができる。棒の部分を持ってもよいし、取っ手の部分を持ってもよい。打撃してもよし、突いてもよし、棒としてだけでなく、取っ手を使って引っかけることもできるので、なかなか防御しにくい武器である。

丁字拐《ていじかい》

縦棒に横棒が組み合わされている。全体が「丁《てい》」字形である。

卜字拐《ぼくじかい》

縦棒の上の方に横棒が付いて「卜《ぼく》」字形である。

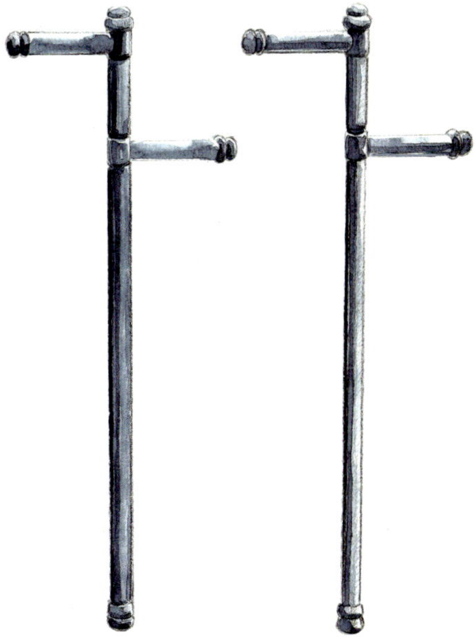

上下拐《じょうげかい》

左右に一本ずつ横棒が付き、「上」字と「下」字が組み合わさった形である。

扇(せん)

扇《せん》は扇面《せんめん》と扇骨《せんこつ》でできている。扇面には薄絹や繻子《しゅす》などを貼り、扇骨には竹ひごや鋼、鉄を使う。軽便な扇《せん》は内襟に差しておくこともできる。武芸で用いる扇《せん》の多くは鉄扇《てっせん》であり、縁には鋭い刃が備わっている。扇《せん》をたためば鉄棍《てつこん》のように打撃でき、開けば刀のように斬りつけることもでき、暗器《あんき》への防御用としても使える。

扇《せん》は通常の兵器と較べてシンプルであり、携帯にも便利でどこにでもしまえる利点がある。その特徴は一物多用、つまり暑さしのぎの扇としても武器としても使える点である。扇《せん》は攻守兼備の武器であり、その運用法は変化に富んでいる。

鉄扇《てっせん》

四

軟兵器と暗器

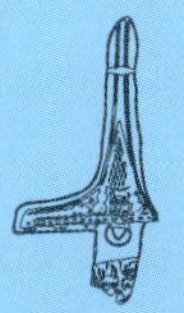

軟兵器《なんへいき》と暗器《あんき》は中国の伝統兵器の中でもやや特殊な部類に属し、特別な状況や機会をとらえて使用される。軟兵器には「軟」という形容が付いているが、攻撃部位をしなやかに宙にひるがえすことで、より強い威力がもたらされる。

暗器の際立った特徴はその隠蔽《いんぺい》性と突発性にあり、一撃必殺の奇襲攻撃を繰り出すことが多い。

節棍(せつこん)

打撃兵器である棍《こん》にも軟兵器に属するものがある。節棍《せつこん》は脱穀用の農具から発展した。基本的な様式は硬くて重い木棒《もくぼう》か金属製の短棒数本を鎖でつなげるというものである。動きが変幻自在なため、相手が防御しにくい武器である。守城戦や騎兵がよく使用した。

二節棍《にせつこん》

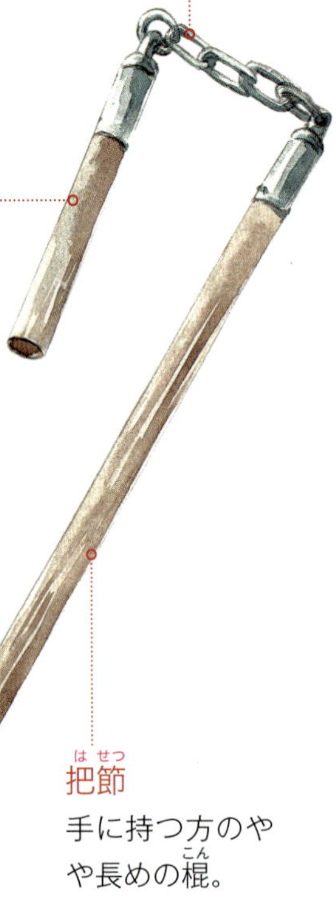

鋼環《こうかん》
長短の棍を鋼の鎖でつなぐ。

梢節《しょうせつ》
鉄包頭《てつほうとう》とも呼ぶ。この短い棍《こん》を舞わせて敵を攻撃する。

把節《はせつ》
手に持つ方のやや長めの棍《こん》。

梢子棍《しょうしこん》

鏈枷棍《れんかこん》とも呼ぶ。棍法には槍《そう》の攻撃をかわす技がある。そのため、梢《しょう》子棍《しこん》は槍《そう》より強いという説もある。

三節棍《さんせつこん》

二節棍《にせつこん》と三節棍《さんせつこん》

棍類の軟兵器として他には二節棍《にせつこん》、三節《さんせつ》棍《こん》があり、多くは武術用に使われる。

二節棍《にせつこん》は長さの等しい短棍《たんこん》を鉄鎖でつないだもので、畳んで使うこともでき、強さとしなやかさを併せ持っていて、威力は絶大である。両手で扱うこともできる。

三節棍《さんせつこん》は長さの等しい短棍を鉄鎖でつないだもので、どんな間合いにも対処でき、硬軟両様の変化に富んだ攻守が可能である。

節鞭（せつべん）

鞭《べん》には硬軟の区別がある（84 頁参照）。軟鞭《なんべん》には鞭頭《べんとう》と鞭把《べんは》があり、数本の金属棒や棒棍を鎖でつなげたものを指す。鞭《べん》の長さは自由で、携帯にも便利である。攻撃は振り回して打撃するのが主で、腕と体のねじれ運動を利用してパワーを増し、回転の方向や中心を変化させる。

軟鞭《なんべん》は遅くとも晋《しん》代には登場している。撃つことも絡めることもでき、硬軟兼備の武器であるため、かわすのが難しい。軟鞭には三節・七節・九節・十三節があるが、七節以上のものを総称して九節鞭《きゅうせつべん》と呼ぶ。軟鞭には片手で使用するものがあり、他の兵器と組み合わせて使う。

明代の三環鉄鞭《さんかんてつべん》

元代の鉄鞭《てつべん》

明代の七節鞭《しちせつべん》

先端の節が鞭頭《べんとう》である。形状は槍の穂先のような円錐形である。鉄鎖でつなぎ、握り手の部分が鞭把《べんは》である。多くは円柱形である。

袖箭(しゅうせん)

袖箭《しゅうせん》は短い箭《せん》（矢）を発射する暗器《あんき》である。袖の中に隠しておくため、こう名付けられた。発射装置は銅または鉄で鋳造し、円筒状である。筒の中に鋼の針金で作ったバネが仕込まれている。袖箭《しゅうせん》はこのバネの弾力で発射する。威力はかなりあり、弾道も安定している。一発だけ発射できるものを単筒袖箭《たんとうしゅうせん》と呼び、連発式のものもある。戦場でも使われるが、武人の護身用の武器でもある。

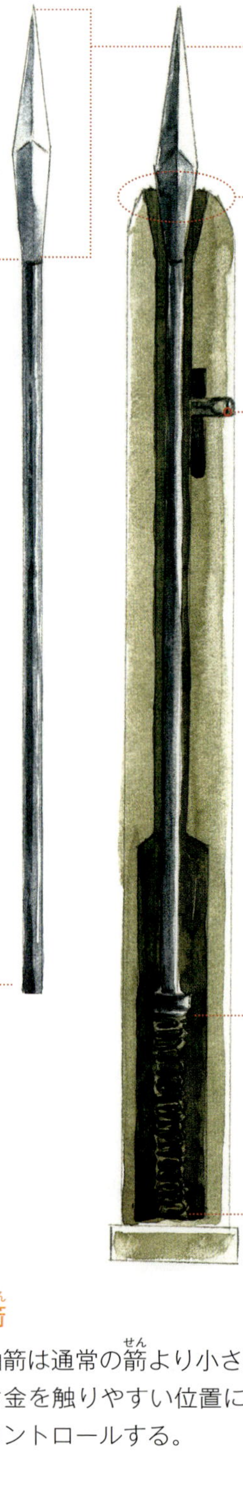
箭鏃《せんぞく》
先端は非常に鋭利である。
筒頂《とうちょう》
真ん中に穴があり、ここから箭を装填する。
胡蝶片《こちょうへん》
引き金。これを動かしてバネを作動させる。
箭杆《せんかん》
箭杆は短く軽い。節のない竹で作る。
弾簧《だんこう》
バネ。筒の底に仕込む。バネの上部に円い鉄板を置く。

袖箭《しゅうせん》

袖箭は通常の箭《せん》より小さく、射程も短い。引き金を触りやすい位置に持ってきて発射をコントロールする。

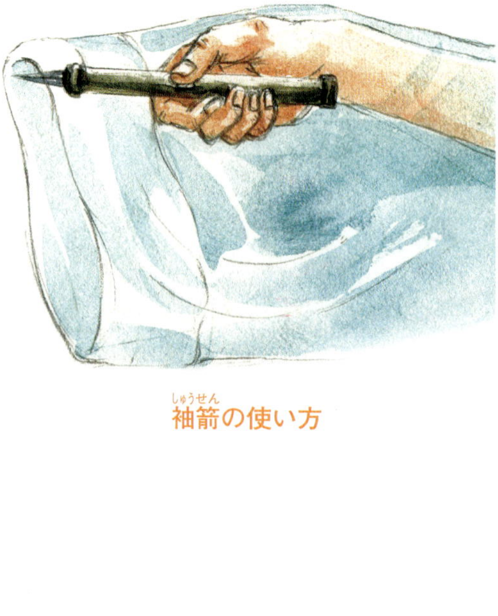

袖箭《しゅうせん》の使い方

匕首（ひしゅ）

匕首《ひしゅ》は小振りの剣類に属する武器である。原始時代の石のナイフが匕首の最古の形態と言えるだろう。伝説によれば、尭《ぎょう》・舜《しゅん》の時代にすでに兵器としての匕首《ひしゅ》は登場している。その後、材質は石から青銅へ、さらに鋼鉄へと発達した。歴代の軍隊も通常兵器を装備するほか、つねに護身用として兵士に匕首《ひしゅ》を配備した。匕首《ひしゅ》は火器が普及してからも使われ続けた数少ない冷兵器《れいへいき》の一つである。

匕首《ひしゅ》の長さは20cmから30cmで、40cmを超えるものはほとんどない。匕首《ひしゅ》は小さくて隠しやすいので、暗殺用の武器としては最適である。※中国四大刺客の中でも、専諸《せんしょ》と荊軻《けいか》はそれぞれ魚の腹と地図の巻き物のなかに匕首《ひしゅ》を仕込み、暗殺目標に接近した。

漢代の暗器としての匕首《ひしゅ》の基本的形態は、剣身がまっすぐで先端が鋭利、両刃《もろは》で短い柄を持ち、柄の底は円環形で、柄《へい》と剣身《けんしん》の間に格《かく》があるというものである。このあり方は清代まで踏襲された。

匕首《ひしゅ》は主に切っ先と刃で相手を殺傷するほか、その技法は多彩であるが、投げて刺すこともある。殺傷効果を高めるため、使う前に刃に毒を塗っておくのが普通である。数ある暗器《あんき》の中でも匕首《ひしゅ》は太古の昔から使われ続け、効果も高いため、「暗器の王」と呼ばれている。

※中国四大刺客：魚腸剣《ぎょちょうけん》で呉王・僚《りょう》を刺殺した専諸《せんきょ》、地図に匕首《ひしゅ》を忍ばせて秦王・政《せい》の命を狙った荊軻《けいか》、呉王・僚《りょう》の息子・慶忌《けいき》を討った要離《ようり》、恩に報いて韓《かん》の宰相・侠累《きょうるい》を刺殺した聶政《じょうせい》の四名。

殷代の銅匕《どうひ》（上）と銅匕首《どうひしゅ》（下）

匕《ひ》は古代中国の青銅の食器で、後世の匙《し》（さじ）に似ている。当初、おそらく匕首は形が匕に似た短剣を指していたと思われる。その後、非常に短い短剣の通称となった。

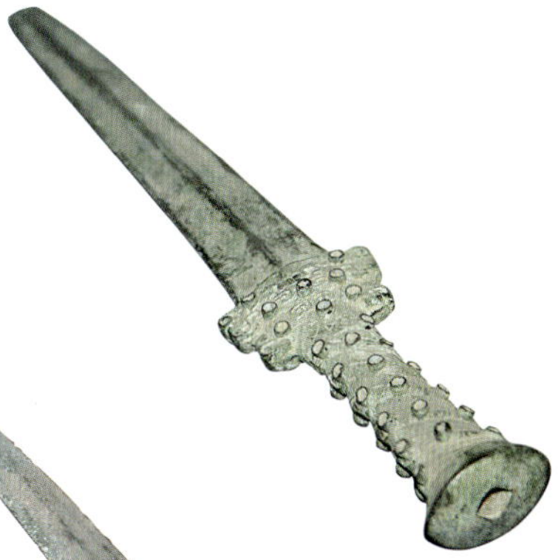

春秋時代の匕首《ひしゅ》

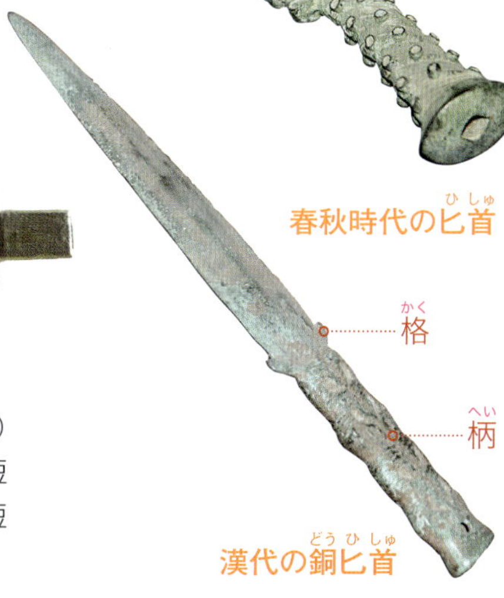

漢代の銅匕首《どうひしゅ》

鏢(ひょう)

鏢《ひょう》は先端を鋭利に尖らせた、投げて殺傷する暗器《あんき》を指す。一般に鉄や銅など金属で作る。長さや重さはそれぞれだが、近距離で使うのに適している。また、投げて殺傷する暗器の類に「鏢《ひょう》」の名を冠することが多い。

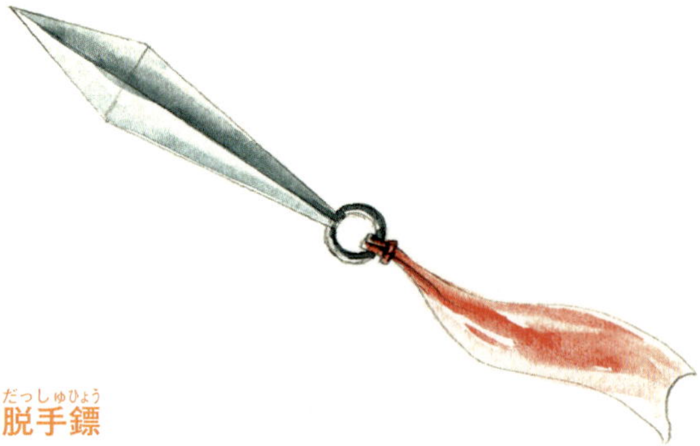

脱手鏢《だっしゅひょう》

飛鏢《ひひょう》とも呼ぶ。投げて飛ばす。角ばったものや棒状のものなど形は多彩であるが、みな先端は鋭利である。飛行弾道を安定させるため、鏢衣《ひょうい》と呼ばれる絹布《けんぷ》が付けられる。通常、十本前後のセットで装備するが、一本だけ長くて重い絶手鏢《ぜっしゅひょう》が入っている。

金銭鏢《きんせんひょう》（古銭《こせん》）

羅漢銭《らかんせん》とも呼ぶ。穴のあいた銭の縁を研いで刃にした暗器である。とにかく作りやすく携帯にも便利なのでよく使われた。ただし、金銭鏢《きんせんひょう》が威力のある武器になるには熟練の腕前が必要である。

縄鏢《じょうひょう》

金属製の鏢《ひょう》に長い縄を付けたものが縄鏢《じょうひょう》である。遠距離にも投げられるし、近距離も攻撃できる。携帯に便利で、隠しやすく、不意に攻撃できるという特長がある。

流星錘 (りゅうせいすい)

流星錘《りゅうせいすい》は長縄または鉄鎖に金属製の錘《すい》を付けた軟兵器《なんへいき》であり、一種の暗器《あんき》でもある。一端だけつけたものを「単流星《たんりゅうせい》」、両端につけたものを「双流星《そうりゅうせい》」と呼ぶ。錘《すい》は瓜形、円形、稜《りょう》形（筋入り）などがある。錘《すい》の下部には鼻の穴のようなくりぬきがあり、ここに鎖を装着する。

稜形《りょうけい》

筋が入っている。

清代の双流星錘《そうりゅうせいすい》

錘《すい》と鎖でできている。錘《すい》の重さは使い手の力量で決まるが、軽すぎるのはいけない。戦場で大きな錘《すい》が飛んでくる様は、相手の心理に多大な威圧感を与える。

単流星錘《たんりゅうせいすい》

この錘《すい》は携帯に便利で、ふだんは体に巻いておき、ここぞという時に取り出す。

飛爪《ひそう》

飛爪《ひそう》は縄に鉄製の鉤爪《こうそう》（かぎつめ）をつないだ暗器である。飛爪《ひそう》には二組の鉤爪《こうそう》を備えたものが多く、鉤爪は人の手のような形をしている。爪の先端はきわめて鋭利で、投げると相手に刺さり、甲冑《かっちゅう》に食い込んで動きを抑制する。長縄の一端に鉤爪《こうそう》を付けたタイプの飛爪《ひそう》は、高い壁などの障害物をよじ登る時にも使える。

飛爪《ひそう》

五

火薬と火器

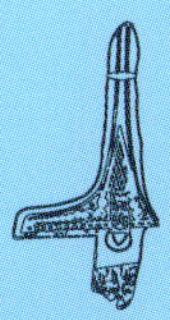

　火薬は古代中国の偉大な発明である。宋代以降、火薬は軍事の分野でも広く使われるようになり、燃焼火器《ねんしょうかき》・爆発火器《ばくはつかき》・管状火器《かんじょうかき》という三大火器が登場した。それは化学の力と軍事とを融合させる試みの始まりであり、銃砲の原型の多くはこの時期にほぼ出そろっている。火薬が世界的に伝播するにつれ、このテクノロジーと戦術上の革命の影響は拡大し続けた。

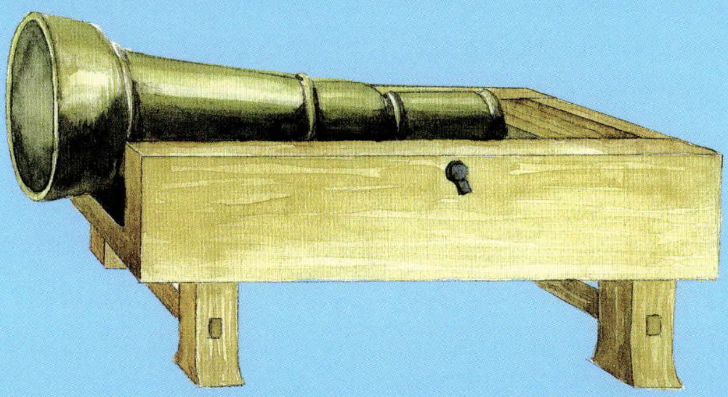

火薬(かやく)

火薬は古代中国の四大発明の一つであり、硝石《しょうせき》と硫黄《いおう》と木炭を混合させる。点火すると急速に燃焼し、爆発を引き起こす。硝石《しょうせき》と硫黄《いおう》はともに古代の処方箋《しょほうせん》にも記された薬品であるため、「火薬」と称するのである。この種の火薬を今日では黒色火薬と呼ぶ。三つの組成物のうち、硫黄と木炭が原剤で、硝石が酸化剤の役割を果たす。この三者が相互に作用すると激しい酸化反応が生じ、大量の気体と熱を放出し、条件が整えば爆発を引き起こす。ニトログリセリンを主原料とする近代火薬が誕生するまで、黒色火薬は人類が知っている唯一の爆発剤であった。

秦・漢代に帝王たちは不死を求めて方士《ほうし》（仙薬作りの秘法を操る道士）に金丹《きんたん》（不老不死の薬）を作らせた。方士は数多くの原料から不老長寿の薬を作ろうと試みたが、燃焼と爆発によって失敗した調合例から、次第に硫黄と硝石の化学的性質を理解するようになった。黒色火薬は唐代にすでに出現している。

火薬が発明された後の10世紀から14世紀にかけては戦争が頻発し、軍事目的の火器もそれにともなって登場した。宋の路《ろ》振《しん》が著した『九国志《きゅうこくし》』には次のような記載がある。唐・哀宗《あいそう》時の907年（天佑4年）、鄭璠《ていはん》が豫章《よしょう》城（江西省南昌《なんしょう》）を攻撃した際、「発機飛火《はっきひか》」、つまり火炎放射器を使って城門を焼き払ったのである。これが火薬兵器を使った最古の戦例である。

宋代には王安石《おうあんせき》の強兵政策のもと、火器の応用と創造が急速に発展し、都の汴梁《べんりょう》（河南省開封《かいほう》）には火薬製造専門の工場が開設された。南宋の後期、火薬の性能が向上したため、火薬をエネルギー源とする弾丸発射機が登場した。

元代には従来の火薬技術の基礎の上に立って、火薬と弾丸を金属管に装填《そうてん》して遠距離発射する火器、すなわち近代的な銃火器の原型とも言える新型兵器が登場した。それが火銃《かじゅう》である。元末から明初にかけて、明太祖・朱元璋《しゅげんしょう》は堅城攻略の陸戦や水軍戦で火銃をたびたび使用した。朱元璋が天下を統一してから明軍の主力には火器が広く装備されるようになった。明成祖《みんせいそ》の代にはすべて火器で武装した「神機営《しんきえい》」という特殊部隊が編成された。

しかし、明代の中期は火薬兵器の開発に進展はなく、ヨーロッパの先進的な銃砲製造技術に触れてはじめて長距離発射兵器に大きな改良が加えられ、軍隊に装備されるようになった。明末の1626年（天啓6年）、寧遠《ねいえん》の戦いで明の袁崇煥《えんすうかん》はオランダから伝来した「紅夷砲《こういほう》」を使って後金《こうきん》（1636年に国号を「大清《だいしん》」と改める）の軍隊を撃退した。後金の太祖・ヌルハチはこの戦役において砲撃で重傷を負い、まもなく亡くなった。明軍の火砲に苦杯をなめた清も火器の製造に着手した。1633年（崇禎《すうてい》6年）、優秀な西洋の火器を大量装備し、弾丸鋳造と火薬製造の技術を持つ明軍の一部隊が後金に投降した。これによって後金は最強精鋭軍を手に入れたのである。

清軍が※山海関《さんかいかん》を突破した後も、火器の改良は続いた。康熙《こうき》帝の代（1662～1722年）に火器製造は質量ともきわめて高いレベルに達したが、新たな開発という点では明代の域には及ばなかった。清代中期以降、火器技術は古い殻に閉じこもったままとなり、外来技術も排斥されたため、火器開発は停滞した。アヘン戦争の時代に清政府はあわてて火器の製造に取りかかったが、所詮は旧来の技術の焼き直しに過ぎず、西洋列強の新式装備には太刀打ちできなかった。

※山海関：華北と東北の境に位置し、首都防衛の任にあたった難攻不落の要塞。

明代の中期（15 世紀から 16 世紀）、中国における火器の発展は停滞したが、ヨーロッパは東方から来た火器に改良を加え、より強力な銃砲を開発することに成功した。これが東西貿易路を通して中国に逆輸入され、明軍の主力兵器となった。

火薬と火器の伝播《でんぱ》

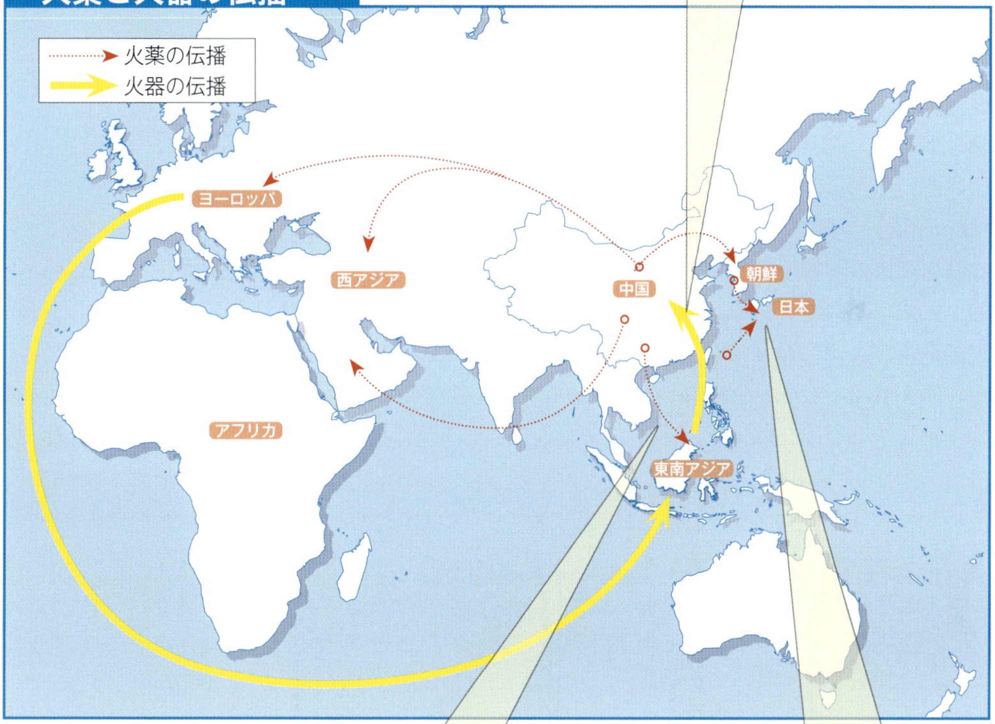
火薬の伝播
火器の伝播
ヨーロッパ
西アジア
中国
朝鮮
日本
アフリカ
東南アジア

宋の滅亡とともに多くの難民が東南アジアに逃れたが、その中には最新の火薬・火器の製造技術を持つ者がいた。東南アジアは東西貿易の大動脈であり、ヨーロッパの火器もいち早く伝えられた。1410 年（永楽８年）、明は対ベトナム戦で神機槍《しんきそう》を入手した。

元代に火薬と火器は朝鮮半島に伝播したが、東アジア諸国の火器のレベルは低いままだった。明朝が火器の製造方法を最高機密扱いにしたからである。

16 世紀、戦国時代の日本に西洋の火縄銃が伝えられて以来、極東の火器は急速に発展した。

火薬の伝播

煉丹術《れんたんじゅつ》（長生術）と硝石《しょうせき》は東西交易により宋からアラブ地域に伝えられた。13 世紀のモンゴルの大遠征も火薬と火器の伝播をうながし、イスラム世界を通してヨーロッパに伝えられた。

燃焼火器(ねんしょうかき)

初期の火器は火薬の引火性と燃焼性を利用したものが多い。それは古代の戦争の火攻めの伝統の継承であり、火薬の爆発的燃焼の効果が誰の目にも明らかだったことによる。燃焼性の火器の名称は雑多であるが、燃焼という主要機能のほか、煙幕《えんまく》張り、毒ガス放出、敵の殺傷と行動の妨害という役割も果たす。燃焼火器は外力によって目標に到達してはじめて効果があるため、信管《しんかん》(発火装置)を持つものが大半である。

使用方法の差異で分類すると、火箭《かせん》・火《か》槍《そう》・火球《かきゅう》など数種がある。燃焼火器は爆発火器や管状火器に徐々に取って代わられたが、明・清代まで長く使われた。

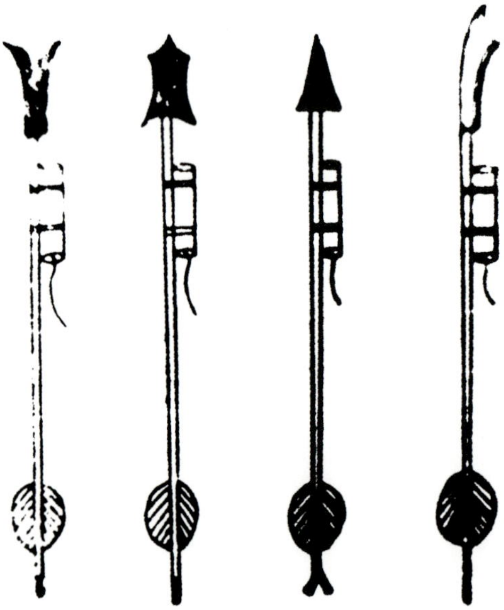

単発火箭《たんぱつかせん》

明代の火箭には多くの種類がある。導火線に一度点火して一矢の火箭を飛ばす単発火箭には刀《とう》・槍《そう》・剣《けん》・鏟《さん》などが先端に付く。

火箭《かせん》

最初期の火箭《かせん》は燃えやすい植物を先端にくくりつけ、点火してから弓弩《きゅうど》で発射した。火薬を燃料とするようになった火箭《かせん》は、後方に噴射する燃焼性ガスの推進力で目標に到達する兵器である。火薬筒には燃焼剤や毒物を混ぜる。目標に命中した時に火炎放射と毒ガス攻撃を加えるためである。

火薬筒《かやくとう》
導火線に点火して火薬で発射する。弓弩《きゅうど》の力を借りて発射する場合もある。
箭《せん》の端に付けた鉄の重りと羽根によって飛行姿勢を安定させ、先端部の損傷を防ぐ。

神火飛鴉《しんかひあ》

　複数の火薬筒を連結した火箭《かせん》である神火《しんか》飛鴉《ひあ》は射程も長く、火薬の搭載量も増えたという意味で、火箭《かせん》技術の一大進歩である。しかし、それぞれの推進力に差異があり、点火のタイミングも異なるため、発射の失敗が相次ぎ、主力兵器にはならなかった。

動力装置

鴉《あ》（カラス）の腹の両脇に、火薬で飛ぶ羽根付き火箭《かせん》である「起火《きか》」が四本ある。いわば推進用のロケットである。

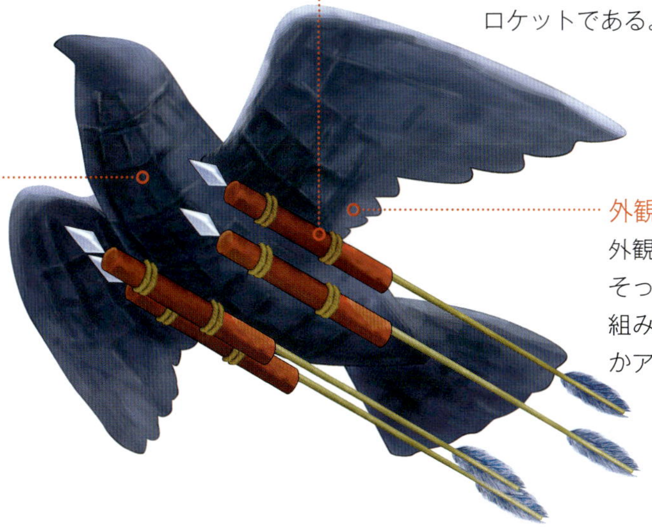

殺傷部

「起火《きか》」の火薬が燃えつきると、火薬筒の底にある導火線から鴉《あ》（カラス）の中に充填《じゅうてん》された火薬に点火される。

外観

外観はカラスそっくり。骨組みは細い竹かアシ。

殺傷部

中に数本の火箭《かせん》があり、導火線は外の筒の底からつながっている。

龍体《りゅうたい》

五尺の竹の節を取り、木彫りの龍《りゅう》頭《とう》と龍尾《りゅうび》を付ける。意図は敵を仰天させ威圧することにある。

動力装置

龍頭の下と龍尾の両側に火薬筒を付け、飛行の動力にする。

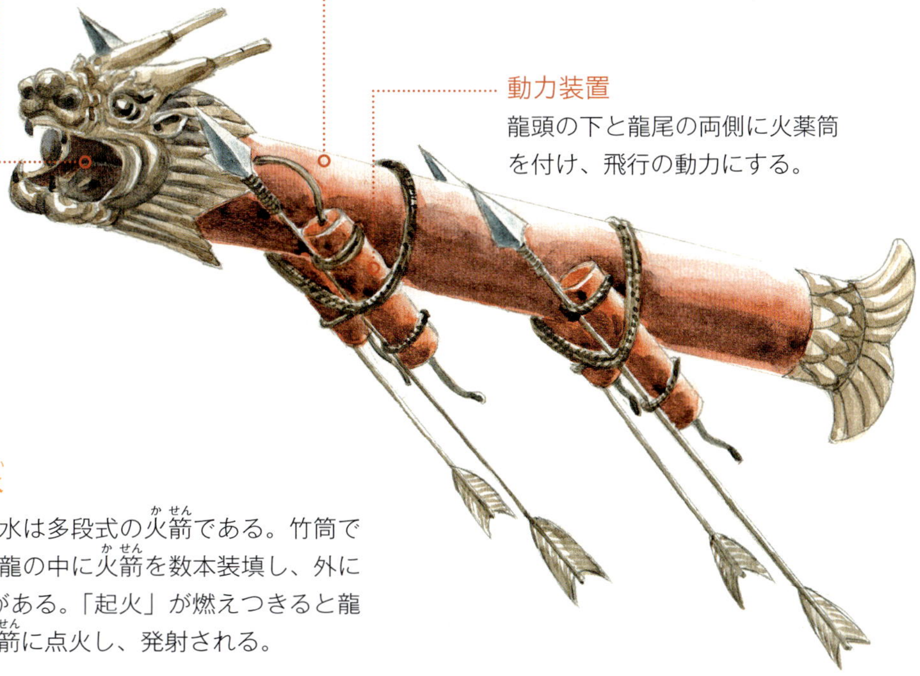

火龍出水《かりゅうしゅっすい》

　火龍出水は多段式の火箭《かせん》である。竹筒で作った火龍の中に火箭《かせん》を数本装填し、外に「起火《きか》」がある。「起火」が燃えつきると龍の中の火箭《かせん》に点火し、発射される。

火槍《かそう》

火槍《かそう》は伝統的な長矛《ちょうぼう》の上部に火薬筒を巻き付けた兵器である。まず火薬による火炎で攻撃し、さらに槍《そう》でも刺す仕掛けである。火槍《かそう》は南宋代に攻城戦で多用され、金でも大量に製造されて「飛火槍《ひかそう》」と呼ばれた。明・清代でもなお使用されたが、筒の紙巻は鉄製になり、火薬のほかに鉄くずや亜ヒ酸を混入させ、殺傷効果を増強している。

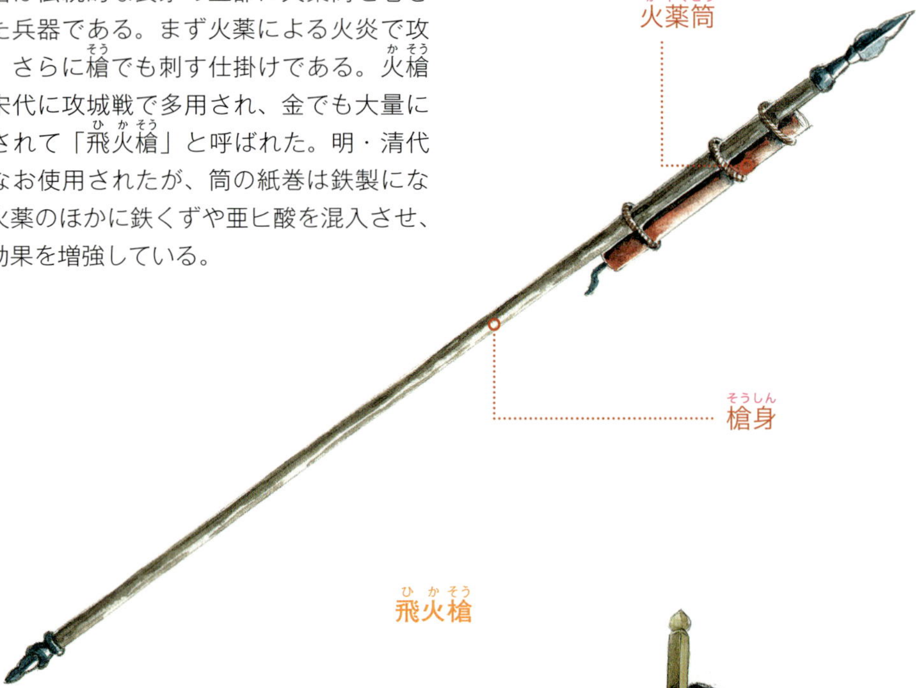

飛火槍《ひかそう》

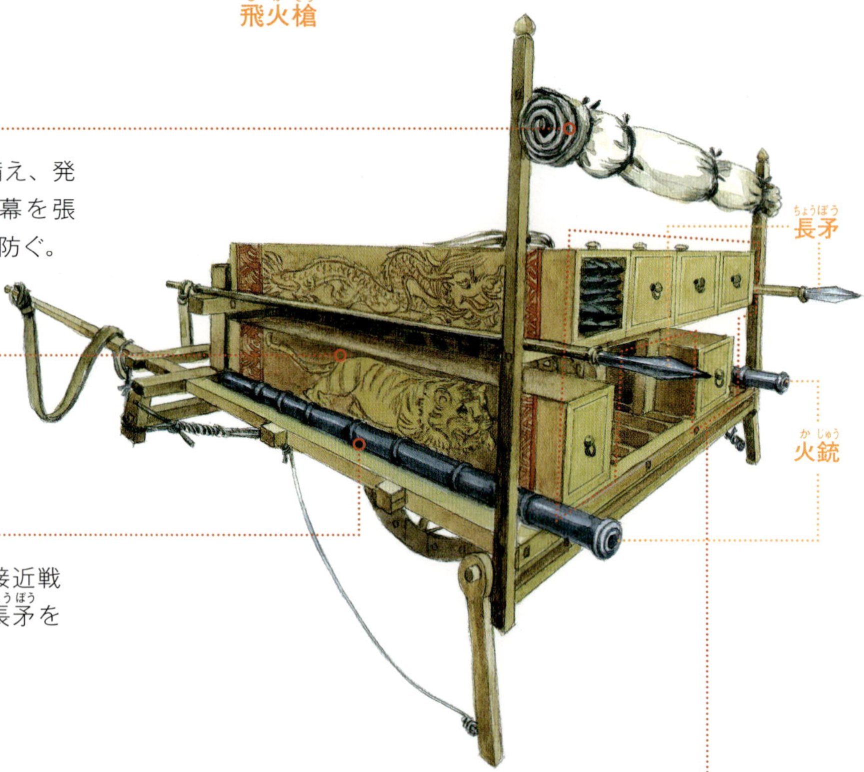

綿布《めんぷ》の幕
突撃や陣地移動に備え、発射機の上に綿布の幕を張り、敵による破壊を防ぐ。

外観
一輪車に火箭《かせん》を搭載し、発射する。

他の武器装備
突撃時、あるいは接近戦の自衛用に火銃《かじゅう》と長矛《ちょうぼう》を二本ずつ装備する。

火箭《かせん》発射機
一輪車の上に長方形の火箭《かせん》発射機を上下6箱置く。火箭《かせん》の導火線は一つにつながっている。

明代の火槍戦車《かそうせんしゃ》

明代には火箭砲《かせんほう》を搭載した戦車が出現した。構造は簡単で小回りがきき、三人で操作する。一人が照準と運転、二人が弾薬の装填《そうてん》と点火を担当し、実戦では数台を並べて使う。火箭《かせん》の一斉発射は敵に大きな脅威を与えるからだ。

蒺藜火球《しつれいかきゅう》

殺傷力のある突起物がついた球状の投擲《とうてき》火器である。宋代に出現した。『武経総要《ぶけいそうよう》』の記載によると、火球の中には三枚の鉄刃《てつじん》が入っている。さら火薬を塗った紙を仕込み、表面には鋭い突起のある蒺藜《しつれい》（植物ハマビシの実の形）を配し、長い麻縄を通す。点火には高温に熱した烙錐《らくすい》（金属製の道具）を使い、火炎が起きたら砲によって敵船または敵陣に打ち込む。

毒薬煙球《どくやくえんきゅう》

毒ガスの煙を発する球状の投擲《とうてき》火器である。『武経総要《ぶけいそうよう》』の記載によると、この煙球《えんきゅう》には火薬のほかに巴豆（ハズ）、狼毒《ろうどく》（トウダイグサの根）、草烏頭《そううとう》（ヤマトリカブト）、亜ヒ酸などの毒物を装填《そうてん》し、麻縄を通す。外側には松脂《まつやに》と蝋《ろう》を塗り、球の強化と湿気防止を図る。点火後、燃焼が始まると大量の毒ガスを含んだ煙が発生し、敵の行動を抑止する。毒ガスを吸いすぎると、命にかかわる事態になる。

明代の北京防衛戦

土木堡《どぼくほ》の変（1449年）によって明は精鋭軍の大半を失い、英宗《えいそう》はオイラート（モンゴル系の強大な部族連合）に捕らえられ、捕虜となった。北京を守る于謙《うけん》は、オイラートの大軍が野外の騎兵戦は得意とするものの、攻城戦に必要な火器に欠けていることに着目し、外堀を利用しつつ、大量の火器と優秀な装備という明軍の長所を生かして、北京防衛戦に勝利した。

爆発火器(ばくはつかき)

燃焼火器から爆発火器への発達は火薬性能の向上による一大進歩である。これには火薬配合の改良が必要であり、火薬の粒の大きさを正確に調整することで、火器の密閉性と起爆技術の向上がもたらされた。

爆発火器は外装、爆薬、起爆装置で構成され、火薬の爆発力が生む破片で城壁を破壊したり、敵を殺傷したりする。主に陶磁器類、石類、金属類などの硬い材質が採用された。初期に登場した爆発火器は接近戦でよく使われたが、後に応用範囲が地下や水中へと拡大し、最終的に爆弾・地雷・水雷の三種になった。燃焼火器から改良された爆発火器は、殺傷力の面でも大幅に向上している。

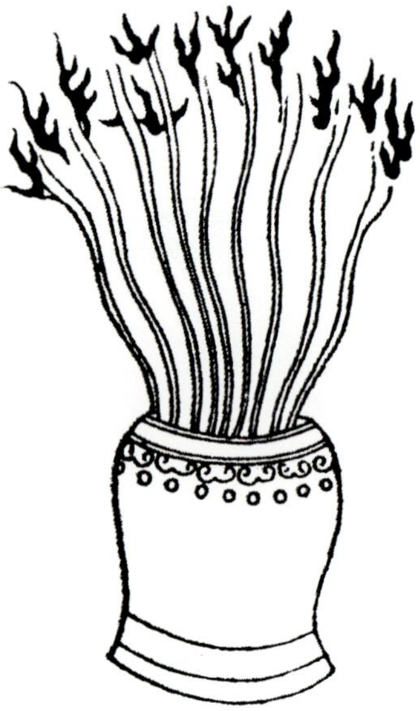

万火飛砂神砲《ばんかひさしんぽう》

焼成した石灰粉、亜ヒ酸、トウサイカチなど 14 種の薬剤から飛砂薬《ひさやく》を調合し、火薬とともに磁器の壺に入れ、信管《しんかん》に点火してから城外に投げ落とす。爆発して壺が割れると、毒煙がたちこめる。この種の火器は宋代から清代まで広く使われた。

万人敵《ばんにんてき》

万人敵《ばんにんてき》は明末に登場した燃焼火器である。まず中空の泥団子をよく乾燥させ、小さな穴をあけて火薬球を装填《そうてん》する。泥はもろく、保存と運搬が危険なので箱型の木枠で囲む。敵が城を攻めてきた時、導火線に点火して城外に落とすと、火炎が四方に噴射されるとともに旋回して移動するため、激しい焼夷《しょうい》効果がある。宋応星《そうおうせい》は「守城の最良兵器である」と評している。

明の宋応星《そうおうせい》『天工開物《てんこうかいぶつ》』に記された万人敵《ばんにんてき》使用のありさま

爆発火器の分類

種別	内容	登場時期
爆弾類	投擲《とうてき》する爆弾類の火器。主に燃焼火器から発展したもので、今日の手榴弾《しゅりゅうだん》に近い小型爆弾の使用が多い。	文献では北宋代
地雷類	地下に埋設した爆薬の攻撃力で敵の進攻を阻止する兵器である。地雷は発見されないよう偽装されているので、敵にとって大きな脅威となる。	明代
水雷類	水上または水面下で使用する爆弾。明代に発達し、時限発火装置や縄引き起爆装置などが開発された。今日の浮遊機雷《ふゆうきらい》や沈底機雷《ちんていきらい》に近い発想である。	明代

震天雷《しんてんらい》

震天雷《しんてんらい》は北宋代に発達した爆弾類の火器である。鋳造した鉄の容器に火薬を装塡《そうてん》する。容器にはさまざまな形があるが、いずれも上部が小さくなっている。この地雷は目標との距離で導火線の長さを決める。爆発すると鉄の容器が飛散し、鉄の甲冑《かっちゅう》をも貫通する。震天雷《しんてんらい》は爆発で大音響を出すので、敵の軍馬がおびえる効果もある。

震天雷《しんてんらい》のバリエーション

地雷の起爆装置

接触による起爆

地面にトラップを仕掛け、それに触れると点火して爆発する。

縄引きによる起爆

敵が地雷圏に入るのを見計らい、縄を引いて点火し、爆発させる。

導火線による起爆

地雷に竹管を通して埋設し、中に長い導火線を引いておく。敵が接近すると導火線に点火する。

地雷の構造

自動発火の仕組み

下図は自動点火装置であり、ライターの着火と原理は似ている。トラップの紐に触れると重りが下がり、車輪が回って火打石《ひうちいし》から火花が出る。それが導火線に引火して地雷が爆発する仕組みである。

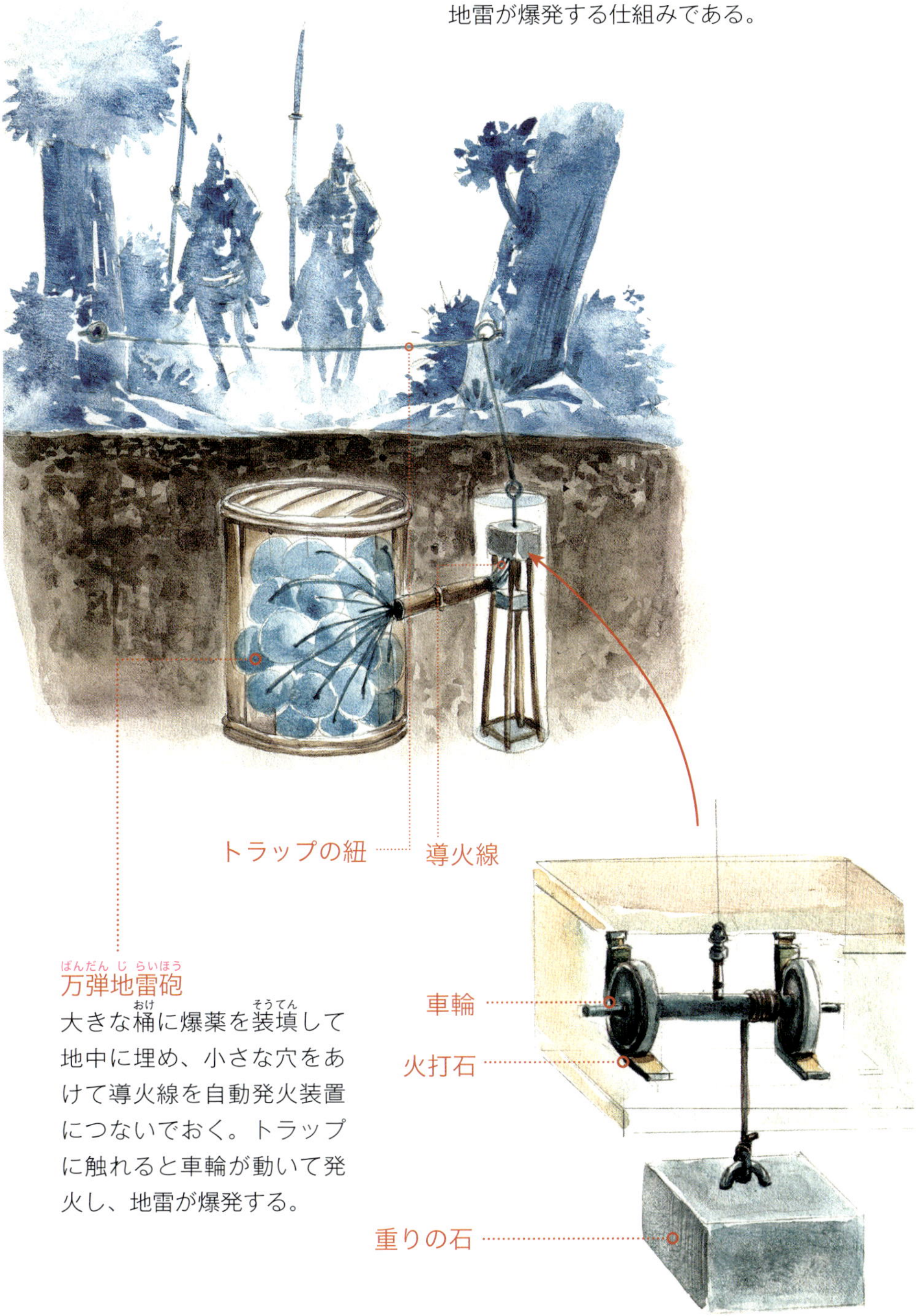

万弾地雷砲《ばんだんじらいほう》

大きな桶《おけ》に爆薬を装填《そうてん》して地中に埋め、小さな穴をあけて導火線を自動発火装置につないでおく。トラップに触れると車輪が動いて発火し、地雷が爆発する。

自動発火装置

火牛《かぎゅう》

　牛を方陣に配列する。体の両側に棒状のものがくくり付けられているので、牛は前にしか進めない。牛の体に鋭利な刃物を付け、尻尾に点火すると、牛は狂ったように前方の敵めがけて突進する。火器が盛んに使われた明代では、火薬の燃焼性と爆破性能を利用して火牛《かぎゅう》の威力を増強させた。『武備志《ぶびし》』にもこの種の火器の記載がある。

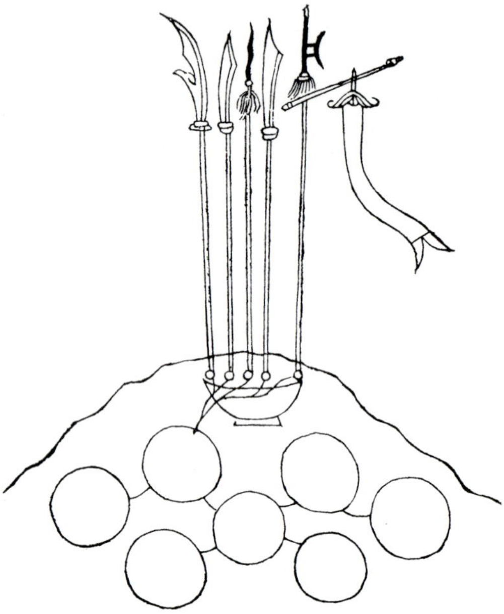

伏地衝天雷《ふくちしょうてんらい》

　鉄製の容器に火薬を入れ、地面に刺した兵器を抜いたり揺らしたりすると爆発する。

炸砲《さくほう》

　鋳造した鉄球の容器に爆薬を満たし、節をくりぬいた竹竿に数個から十数個かける。竹竿の中に導火線を通す。踏むと車輪式の連鎖点火装置が起動する仕掛けが両端にある。

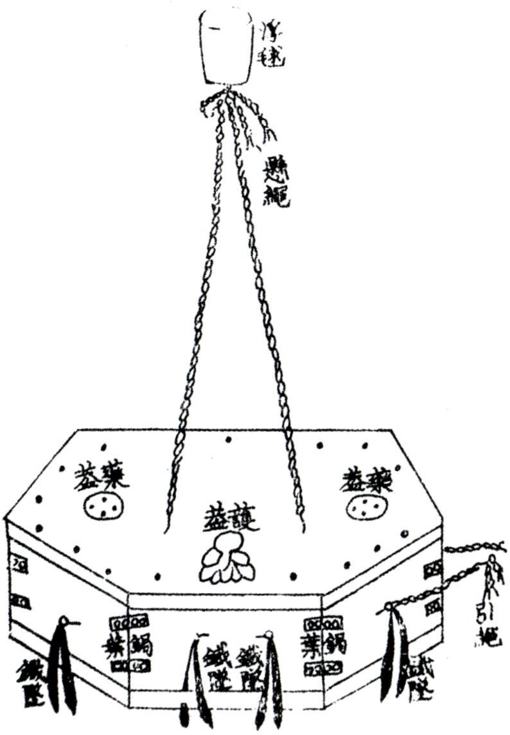

水底雷《すいていらい》

世界最古の水雷は、明の嘉靖《かせい》年間に唐順之《とうじゅんし》が著した『武編《ぶへん》』に記載がある水底雷《すいていらい》である。これは防水処理を施した木箱の中に火薬と点火装置を設置し、縄をつなぎ、錨《びょう》（いかり）を落として水中に沈めておくものである。敵船が近付くと岸から縄を引いて起爆し、水中から奇襲攻撃をかける。

混江龍《こんこうりゅう》

混江龍《こんこうりゅう》と龍王砲《りゅうおうほう》（114頁参照）は構造が似通っているが、点火方法が異なる。混江龍《こんこうりゅう》は点火装置に長い縄をくくりつけ、敵が近付いた時に縄を引いて点火し、爆発させる。あるいはあらかじめ両岸に縄を渡しておき、敵船が接触したら爆発する仕掛けになっている。

龍王砲《りゅうおうほう》

龍王砲《りゅうおうほう》は線香を点火装置とする世界最古の時限爆発水雷であり、明の万歴《ばんれき》年間に登場した。龍王砲の爆発部分の下部は鍛造《たんぞう》した鉄球で、内部に火薬がある。上部の口が線香とつながり、これが点火装置になる。線香の長さは漂流時間の長さで決める。外側は牛革製の袋で包むが、水が浸入して火薬がしけるのを防ぐため、袋には油を塗る。また、火種《ひだね》が消えないように、雁《がん》の羽根でカモフラージュした別の筏《いかだ》から羊の腸をつなげて袋の中に空気を送る。最後に龍王砲を筏《いかだ》の下にくくりつけ、砲の部分が浮いてこないように重りの石を入れる。

龍王砲《りゅうおうほう》を使うのは闇夜である。上流から敵艦や水上の陣地に向けて龍王砲を放ち、接近した時に線香が燃えつきて水雷が爆発する。

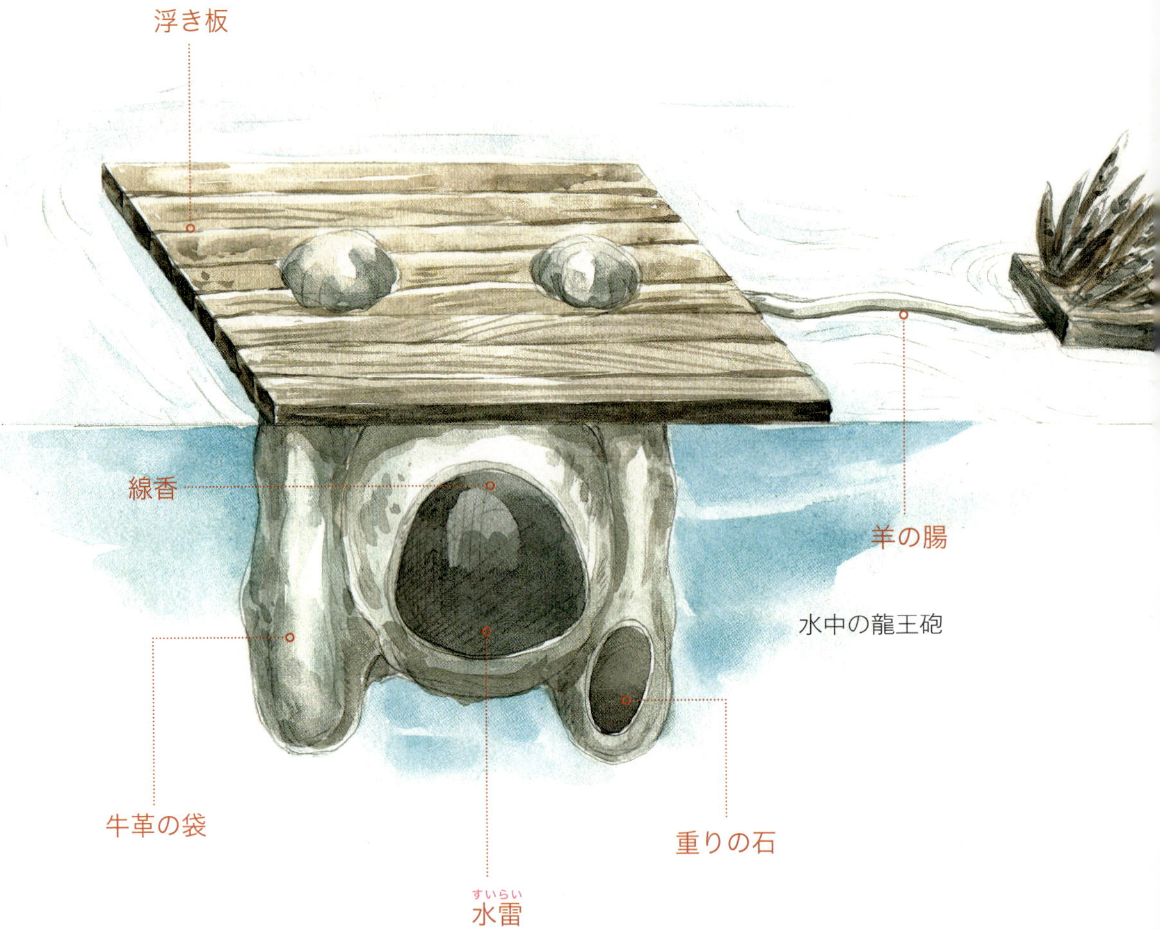
浮き板
線香
羊の腸
水中の龍王砲
牛革の袋
重りの石
水雷《すいらい》

龍王砲《りゅうおうほう》の構造

管状火器(かんじょうかき)

管状火器《かんじょうかき》とは、火薬の燃焼ガスのエネルギーを利用して弾丸を管状の銃身から発射する火器であり、近代的な銃砲も基本的にみなこの種の火器に属する。管状火器は燃焼または爆発類の火器を所定の目標に向け正確に攻撃でき、火器の消耗も避けられるうえ、優れた戦闘効果を得られる兵器である。

管状火器は宋代に出現して以来、つねに戦争の勝敗を決する役割を演じるようになった。そのため、この種の火器の開発には大きな関心が注がれてきた。明代になって、火砲《かほう》と鳥銃《ちょうじゅう》という二大ジャンルが定着した。

火砲は口径も重量も大きい金属製の砲管から射撃するもので、砲身《ほうしん》、薬室《やくしつ》、砲尾《ほうび》などで構成され、鉄弾《てつだん》、鉛弾《えんだん》、爆弾《ばくだん》などを発射する。火砲には強大な破壊力があり、敵の戦闘用具や軍事施設を粉砕し、敵軍を効果的に殺傷する力を備えている。火砲の種類は数多いが、装填《そうてん》方式で区分すると前装砲《ぜんそうほう》(先込め)と後装砲《こうそうほう》(元込め)があり、主流は前装砲である。

鳥銃《ちょうじゅう》は携行に便利な管状火器である。火砲の操作には数名の協力が不可欠なのに較べ、鳥銃は単独でも使用が可能であり、集団を編成して使用すると大きな殺傷力が生まれる。

しかし、中国における管状火器の歴史を振り返ると、科学技術の限界もあり、その発展は非常に遅かったと言わざるを得ず、性能面でも操作面でも問題があった。例えば、水平射撃しかできない場合、射程距離が短く、遠距離射撃の精度はかなり低くなる。操作も面倒で、火薬の装填《そうてん》から点火に至るまでに、いくつもの手順を踏まなければならなかった。初期の管状火器は竹筒または紙筒で作られていたため破損しやすかった。元代以降、金属製が一般的になったが、それでも高熱による破裂の危険性があった。

清が天下を統一してからは火器の製造は大幅に減り、軍装備の主力はあくまで冷兵器《れいへいき》であった。この状態は清末まで続き、管状火器が高度な発達をみることはなかったのである。

突火槍《とっかそう》

突火槍《とっかそう》は大きな竹筒で威力と射程距離を増すとともに、「子案《しあん》」を追加した。「子案」は磁器片や鉄片、石ころで作られ、火炎の噴射とともに目標めがけて発射された。つまり、最も原始的な弾丸と言えるだろう。

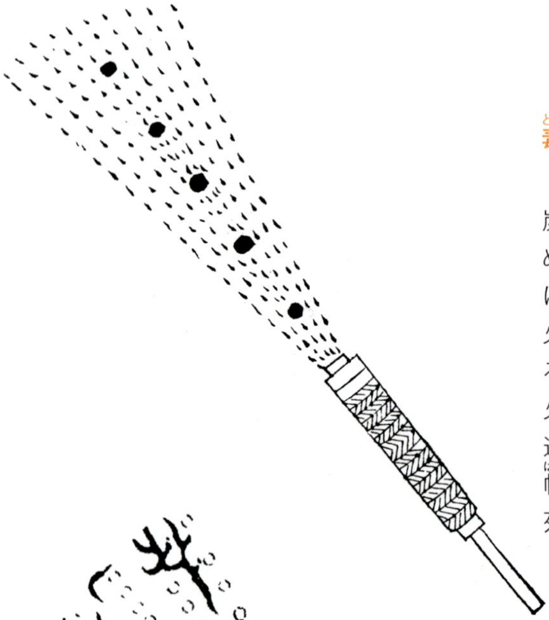

毒薬噴筒《どくやくふんとう》

竹筒の中に火薬を仕込むタイプ。まず木炭が多く硝石《しょうせき》が少ない燃焼用の火薬を詰め、次に火炎を放射する火薬を詰め、最後に毒物弾を入れる。これを五回繰り返す。火薬の量には厳密な決まりがあり、多すぎると竹筒が破裂し、少ないと火炎が弱まる。火薬量が適切であれば、火炎は 10 m強に達し、水戦であれば敵船の苫《とま》（むしろ）や帆《はん》（ほ）を焼き払い、毒ガスで敵兵を中毒死させられる。

満天噴筒《まんてんふんとう》

主に守城戦で用いる。二節分の竹筒に火薬と亜ヒ酸などを詰め、布でくるんで長槍《ちょうそう》の先に付ける。火薬に点火し、火炎と毒ガスで敵軍に攻撃をかける。

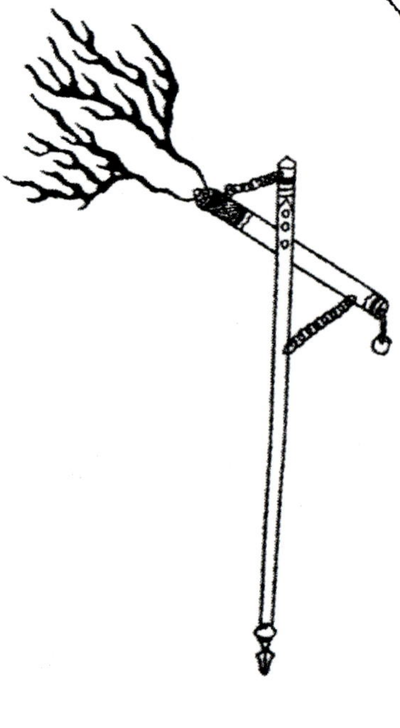

毒龍神《どくりゅうしん》火《か》噴筒《ふんとう》

攻城戦専用の噴筒《ふんとう》である。筒に火薬と毒物を詰めておく。攻城戦の際には、それを高い竿《さお》にかけて城の上端の凹部まで持ち上げ、火炎と毒ガスを放射して敵軍に攻撃を加え、一気に攻め込む。

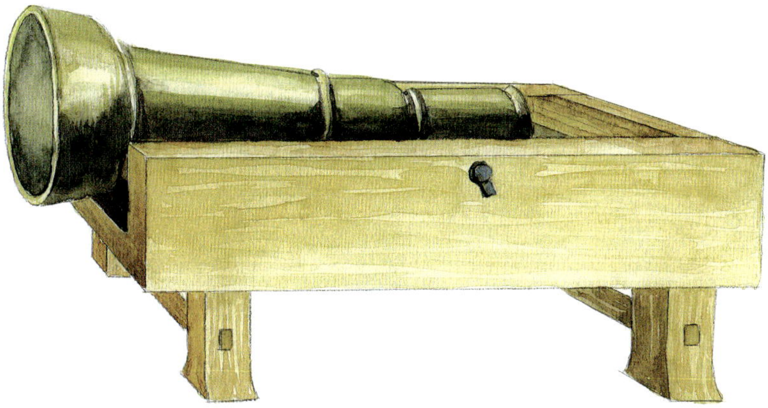

火銃《かじゅう》

初期の金属製の管状射撃火器である。銃身は鋳造の銅製で、より大きな圧力に耐えられる。現存する最古の銅製の管状火器は、元の「至順三年（1332年）」の銘文が入った銅の火銃である。明代の洪武《こうぶ》年間には鉄製の火銃が登場し、銅製よりもさらに強化された。その後、大口径で重量のある管状の射撃火器を「砲《ほう》」と呼ぶようになり、「銃《じゅう》」は小口径で軽く、手に持って使える管状の射撃兵器を指すようになった。

明代・洪武《こうぶ》年間（1368～98年）の手銃《しゅじゅう》

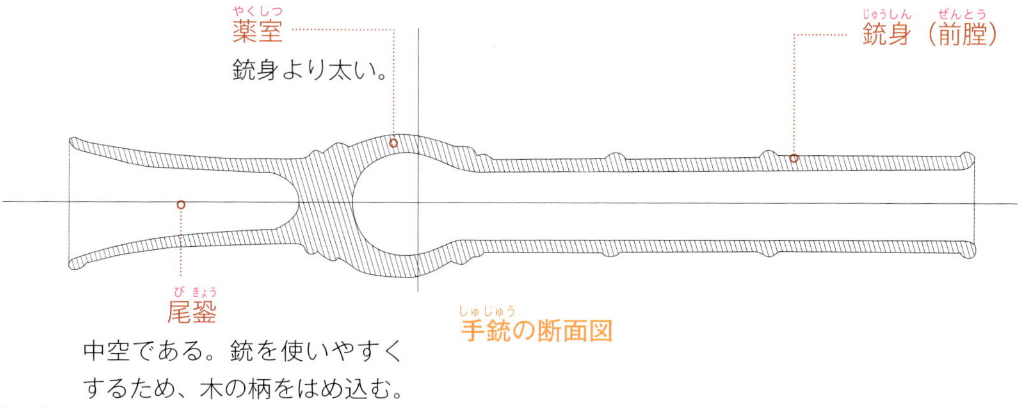

薬室《やくしつ》
銃身より太い。
銃身《じゅうしん》（前膛《ぜんとう》）
尾銎《びきょう》
中空である。銃を使いやすくするため、木の柄をはめ込む。

手銃《しゅじゅう》の断面図

手銃《しゅじゅう》

手で持つ単筒《たんとう》の火銃《かじゅう》で、「手把銅銃《しゅはどうじゅう》」「単眼銃《たんがんじゅう》」などとも呼ぶ。銃口から火薬を装填《そうてん》し、石や鉄類の散弾を発射する。手銃は明代初期に盛んに使われた。洪武《こうぶ》年間に製造された手銃は精巧で規格の統一も進んでいる。さらに永楽《えいらく》年間（1403～24年）には大きな改良が加えられ、薬室上部の火穴に蓋が付き、火薬の装填《そうてん》用に直管形の薬匙《やくさじ》を使用するようになった。これによって火銃《かじゅう》の発射威力と安全性が確保されるようになった。

三眼銃《さんがんじゅう》

明の嘉靖《かせい》年間（1522 ～ 66 年）頃に登場した手で持つ三管の火銃《かじゅう》で、「三管銃《さんかんじゅう》」とも呼ぶ。三本の並行した銃管と共用の尾銎《びきょう》で構成される。多くは鉄製で、二種類のタイプがある。ひとつは全体を一体化して鋳造し、薬室間をつなぎ、点火後に一斉射撃するものである。もうひとつは一管ごとに鋳造し、鉄箍《てつこ》（たが）で締めるタイプである。薬室は別々で、順に点火して連発射撃を行う。三眼銃《さんがんじゅう》は北方の騎兵や辺境の守備部隊が使用した。遠距離では射撃し、接近戦では打撃攻撃に用いた。

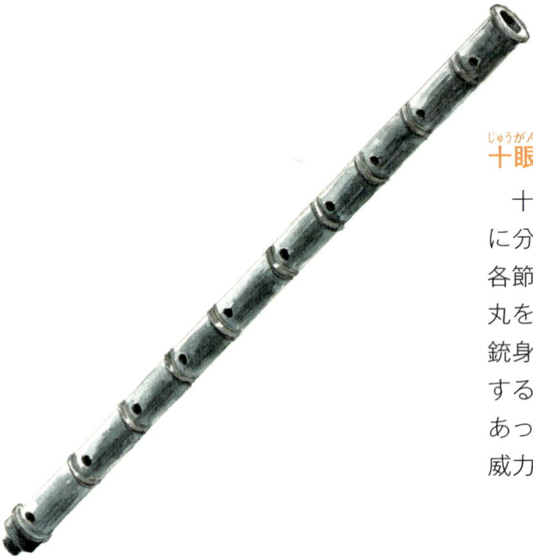

十眼銃《じゅうがんじゅう》

十連発の単管の火銃である。銃身は十節に分かれ、それぞれに火穴がひとつあり、各節を厚紙で仕切っている。中に火薬と弾丸をこめ、順に点火して五連発発射すると、銃身の向きを変え、同じ手順で五連発発射する。十眼銃《じゅうがんじゅう》は射撃間隔を短縮する試みであったが、銃身が短いため射程距離が短く、威力も劣るため、あまり使われなかった。

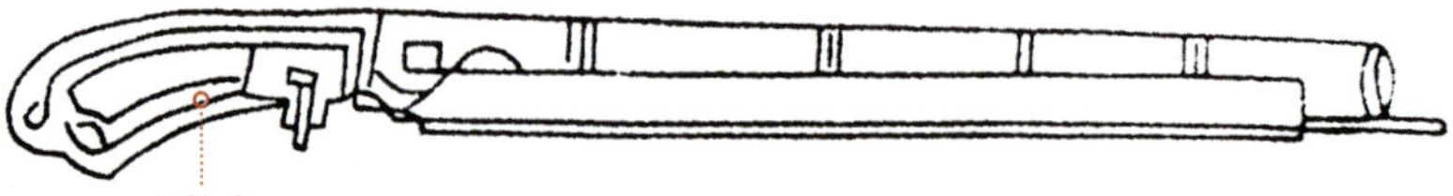

鳥銃《ちょうじゅう》

鳥銃《ちょうじゅう》は明代に西洋から伝来した火縄銃《ひなわじゅう》とフリントロック式銃の総称である。林を飛ぶ鳥をも撃ち落とすことから鳥銃と命名された。銃床《じゅうしょう》の姿から鳥嘴銃《ちょうしじゅう》とも呼ばれる。その構造と外観は近代のライフル銃に近い。

鳥銃の伝来は軍隊の装備にも重大な変化をもたらし、明・清軍の主要な軽火器のひとつとなった。しかし、鳥銃は火縄が湿っていると使えず、発射間隔が長く、射程距離も十分でないという短所があった。アヘン戦争後、ヨーロッパの最新式歩兵銃が知られるようになると、鳥銃は淘汰されていった。

手銃《しゅじゅう》と鳥銃《ちょうじゅう》

	手銃	鳥銃
点火方式	手に持った火縄で点火。	機械的な発火装置を採用。操作が楽なうえ、両手が使えるので正確な射撃が可能。
弾丸	大きさが一定しない散弾。	口径に合った円い鉛弾。火薬の燃焼ガスを漏らさず、弾道も安定。
持ち方	後方から直線の木の柄をはめこむ。	曲線状の銃床《じゅうしょう》なので、持つのにも照準を合わせるのにも便利。
銃身	太くて重い。	銃身はやや長く、口径は小さめ。銃身上に照準用の照門《しょうもん》と準星《じゅんせい》（照星）がある。射程距離、射撃精度、貫通力などの面で明らかに向上。

※照門と準星：この２つを会わせて照準。

火縄銃の点火

まず火穴の蓋を開け、火縄に火を点けて引き金を引くと火縄の火種が火皿に押し付けられ、着火薬が点火し、発射を導く。

『皇朝礼器図式』の兵卒用鳥銃

内側

外側

『天工開物《てんこうかいぶつ》』の鳥銃図

鳥銃を撃つまで

明代に模倣された鳥銃は当初はみな前装《ぜんそう》式、銃身内に旋条《せんじょう》がない滑腔《かっくう》で、火縄による点火方式であった。銃底部で着火薬のある火皿につながる。火皿には火穴があり、銅製の蓋がある。槊杖《さくじょう》（カルカ）が銃身の下に設置され、火薬と弾丸の装填に使用される。銃身の底には尾栓《びせん》ネジがある。射手は発射用火薬と着火薬を入れた薬《やっ》罐《かん》と弾丸を携行する。

①火薬の装填《そうてん》

発射用の火薬を銃口から入れる。一回射撃するごとに装填する。前装式の場合、顆粒《かりゅう》状の火薬を使う。

②槊杖《さくじょう》を使う

槊杖で火薬を押し込む。

③弾丸の装填

弾丸を入れ、槊杖で火薬の中に押し込む。

④着火薬の装填

火穴から火皿に着火薬を入れる。これは銃身内の火薬とつながっている。火穴の蓋を閉め、火薬がしけるのを防ぐ。

⑤火縄の準備

火縄を火鋏《かきょう》にかけ、点火の準備をする。これで準備完了。射手は待機状態に入る。

鳥銃の戦術

鳥銃の発射間隔は長いので、それに対応した戦術が必要である。一般に鳥銃を単独で撃つことはなく、隊列を組んで弾薬の装填《そうてん》と射撃を繰り返し、火力を中断させない。射撃は立つか跪《ひざまず》いて行う。弩《ど》の場合、三人一組で作業したが（26頁参照）、鳥銃では暴発を防ぐ意味あいもあり、一人で装填から射撃までをこなす。

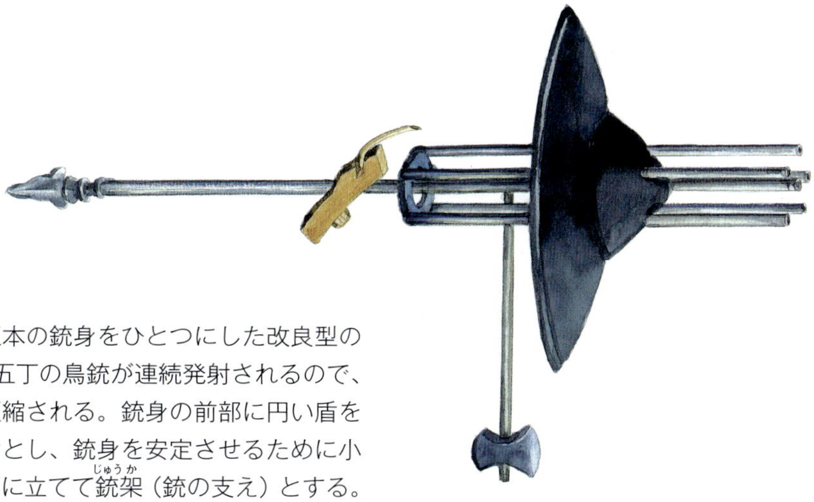

迅雷銃《じんらいじゅう》

迅雷銃《じんらいじゅう》は五本の銃身をひとつにした改良型の鳥銃である。五丁の鳥銃が連続発射されるので、発射間隔が短縮される。銃身の前部に円い盾を置いて風よけとし、銃身を安定させるために小さな斧を地面に立てて銃架《じゅうか》（銃の支え）とする。火縄で順に点火し、弾丸を次々と発射するが、装填が間に合わない時は、後端の槍を使って戦う。

奇槍《きそう》

清代前期に製造された先進的な軽火器で、後装《こうそう》式の火縄銃である。柄が開閉し、銃底が貫通していて子槍《しそう》を装填する構造になっている。子槍《しそう》は鋳鉄製の管状で、横に火穴があって弾薬が入る。この火穴は火縄銃の火穴と内部でつながっている。装填する時はまず柄を折って開き、子槍を後ろから入れ、柄を閉めて鉄鍵《てっけん》で固定する。

フランキ

フランキ（仏郎機）はポルトガルから中国に伝わった後装式の火砲である。中国の従来の砲と較べて口径と砲身の長さとの比率が大きい。砲身が直線的なので火薬の燃焼ガスを有効に活用でき、発射される弾丸の威力もきわめて大きい。フランキの模造は明の嘉靖《かせい》年間に始まり、その後、製造規模が拡大され、改良も進んだ。明軍は水戦でも陸戦でもフランキを使い、発射間隔が短く命中精度の高い長所を存分に生かした。城壁や攻城兵器を撃つ時は大きい弾丸を使い、人間を狙う時は小型の散弾を使った。

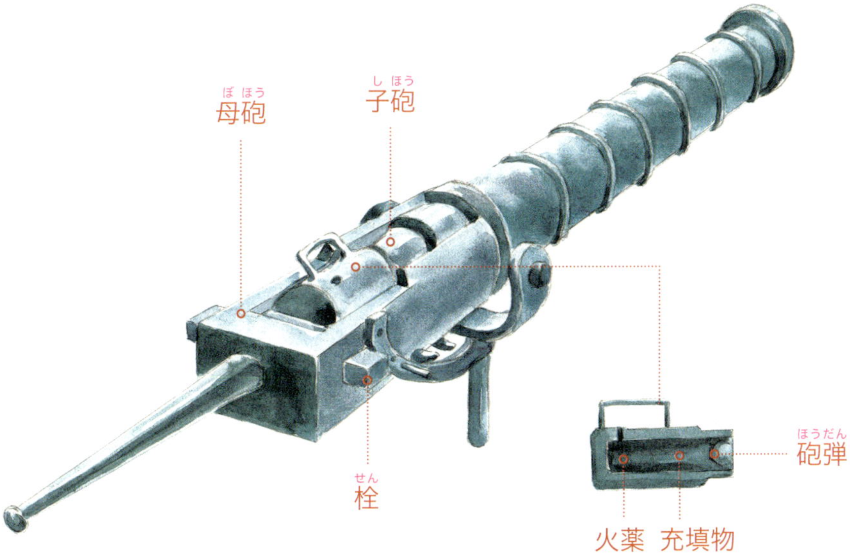

子砲《しほう》の断面図

フランキの構造

フランキは砲身が母砲と子砲に分かれている。母砲の後部に横長の開口部があり、そこに子砲が入る。子砲にはあらかじめ弾薬が装填《そうてん》されているので、いちいち装填する時間が省け、発射間隔が短縮された。砲身には準星（照星）と照門があり、照準をつけて発射できる。耳がついているので発射角度を自在に調節できる。フランキは水平射撃で約 500m、仰角 45 度で約 1km の射程距離がある。母砲と子砲の間にすき間ができたり、点火時にガスが抜けて子砲が脱落しないよう、鉄製の器具で子砲を固定した。

虎蹲砲《こそんほう》

虎蹲砲《こそんほう》は明の嘉靖《かせい》年間に登場した火砲である。当時、明は東南沿海部で倭寇《わこう》と戦っていたが、フランキなどの火砲は重くて機動性に欠け、発射時の反動力でけが人が出るおそれもあったため開発された。猛虎が蹲《うずくま》っている姿に似ているので、こう命名された。16g 弱の鉛か石を 100 個詰めたうえで 1.6kg 弱の鉛または石を入れて一斉射撃した。発射時には鉄釘で地面に固定し、動くのを抑えた。重さは約 22kg、砲身は約 67cm。射程距離は短いが機動性に富み、山間での運用に適していたため、明軍に大量配備された。

紅夷砲《こういほう》

明代にヨーロッパから伝わった大型の前装《ぜんそう》式火砲の通称である。中国が製造した大砲と較べ、威力と射程距離と耐久性の点ではるかに優れた性能を持つ。こうした絶大な威力を誇る巨大な火砲には「将軍」の名が冠せられた。紅夷砲《こういほう》は実戦で大きな力を発揮した。清代にも紅夷砲は大量に使用されたが、「夷」字を避けて紅衣砲と称した。

砲身は銅または鉄で鋳造される。口径を基準に砲身の長さ、大きさ、厚さを決定した。そのため、口径の大きいものほど厚さもあるが、砲口《ほうこう》から砲尾《ほうび》に向けて厚みが増している。これは内部の圧力に耐えるためである。砲身内には数リットルの火薬と鉄や鉛の破片が入り、口径に合わせた円形の主弾が装填《そうてん》される。主弾が主要目標を破壊するほか、散弾がその周辺に飛散して被害を及ぼす。砲身の中ほどに耳（砲耳《ほうじ》）があり、設置時の安定を図るとともに上下に動かして射程を制御する。砲撃の際には、まず距離に応じて調整した火薬袋を砲身に入れ、次に弾丸を装填し、発射角度を調整してから砲尾にある火門で点火し、弾丸を発射する。

大将軍砲《だいしょうぐんほう》

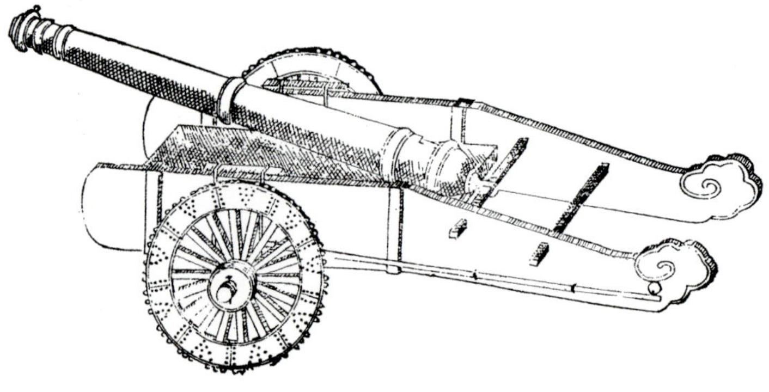

制勝将軍砲《せいしょうしょうぐんほう》（『清会典図』所載）

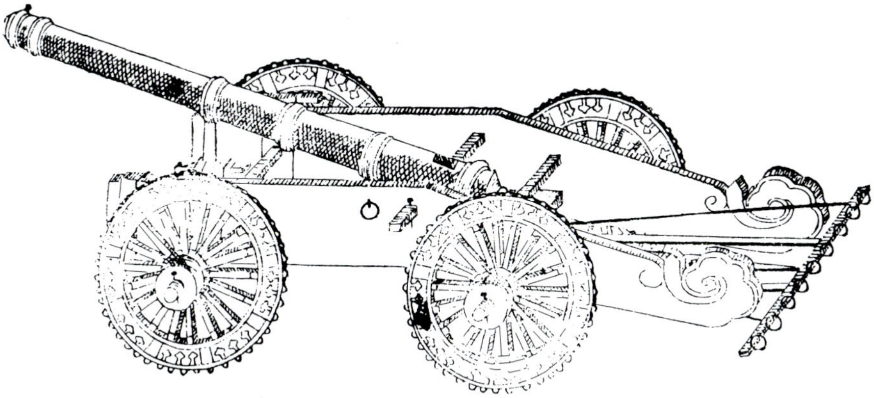

神威大将軍砲《しんいだいしょうぐんほう》（『清会典図』所載）

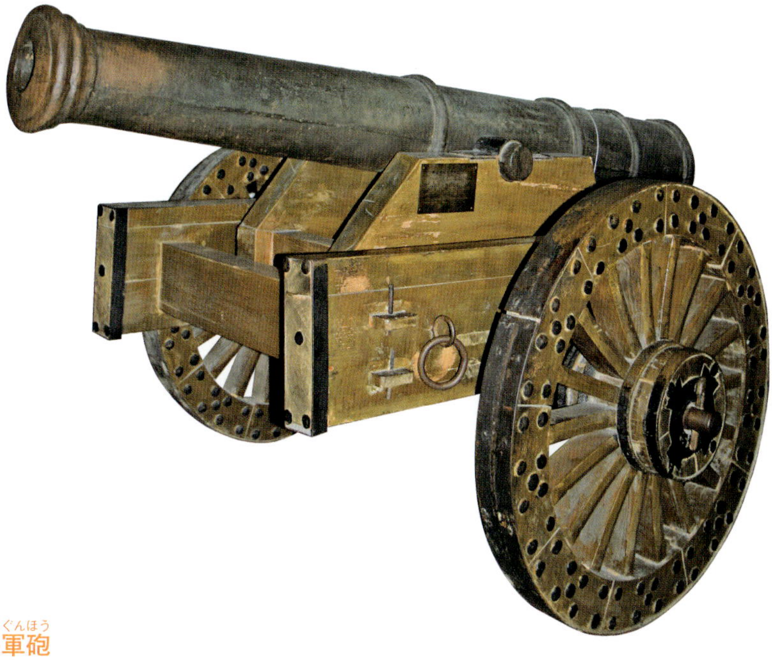

神威無敵大将軍砲《しんいむてきだいしょうぐんほう》

「大清康熙《たいしんこうき》十五年（1676 年）三月二日造」という銘文が入っている。ロシアと戦ったアルバジン砦攻略戦で大きな威力を発揮した。重量は 1,137kg、砲身は 248cm、口径は 110mm。砲身は銅製の筒型で、やや先が細い。五本の箍《こ》（たが）を巻き、両脇に耳があり、銃口と銃底の上部中心線に照準用の「星《せい》」と「斗《と》」がある。火門は長方形で、一度の発射で 1.5 ～ 2kg の火薬を装填し、砲弾の重さは 3 ～ 4kg に達する。主に城砦の攻防戦や野戦で使用された。

威遠将軍砲《いえんしょうぐんほう》

大口径で砲身が短い前装式の銅製臼砲《きゅうほう》で、木製の車に搭載されている。康熙《こうき》29年(1690年)に製造、「威遠将軍《いえんしょうぐん》」と命名された。砲身前部と薬室がはっきりと分かれている。火薬を薬室に入れ、次に砲弾を入れ、湿った砂を置いてから火薬を装填し、最後に蝋《ろう》で砲口を密封する。砲弾と大砲の導火線はひとつにくくられ、点火すると先に大砲が轟《とどろ》き、次に砲弾が発射する。砲弾は爆弾で、通常の弾丸より殺傷力が高い。1696年、清の康熙帝《こうきてい》がガルダン・ハン討伐のため、大軍を率いてモンゴルに親征した際、この大砲が大きな役割を果たして清軍を勝利に導いた。

明・清代の紅夷砲《こういほう》

清軍が鋳造した紅夷砲《こういほう》で現存最古のものは崇徳《すうとく》8年(1643年)製の神威大将軍砲《しんいだいしょうぐんほう》である。下の写真は故宮《こきゅう》に陳列されている明・清代の紅夷砲。

六

防具

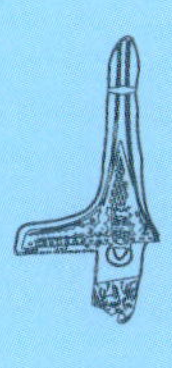

矛《ぼう》（ほこ）と盾《じゅん》（たて）の闘いは、戦場において尽きることのない永遠の話題である。冷兵器全盛の古代に、斧《ふ》や槍《そう》の攻撃から身を護るために盾《じゅん》や甲《かっ》冑《ちゅう》が考案された。時には体の前に置き、時には身にまとうことで、防具はつねに兵士の命を護ってきたのである。

盾（じゅん）

盾《じゅん》（たて）は敵の攻撃をさえぎる防御兵器であり、斬りかかってくる刀《とう》や剣《けん》の攻撃を受けとめ、槍《そう》や箭《せん》（矢）など突き刺してくる武器に対しても優れた防御効果を発揮する。盾《じゅん》の歴史は非常に古く、上古の書物『山海経《せんがいきょう》』にすでにこの種の防具の記述がみえる。外観から言うと、盾《じゅん》は方形と円形の二種類に大別できる。材質は皮革・木材・藤・金属などである。敵に向ける面には奇怪な神獣の絵が描かれていることが多い。これは敵を怖れさせ、味方の士気を鼓舞するためである。

盾《じゅん》の構造はいたってシンプルであるが、防御能力がきわめて高いため、歩兵の常備兵器となった。とりわけ攻城戦の攻撃側にとって有効な兵器である。しかし、盾《じゅん》による防御の範囲と方向は限定的であり、片手に盾《じゅん》を持ち、片手で攻撃的な兵器を持つ場合、動きにくくなるという難点がある。

殷代の銅面盾《どうめんじゅん》

春秋戦国時代の盾《じゅん》

春秋時代の盾《じゅん》は歩兵用と車兵用に分かれる。歩兵用の盾は大きく、箭《せん》の攻撃を防ぎ陣形を維持することができる。車兵の盾は小さく、車上で使いやすいようにできている。戦国時代になって突き刺す武器が増えてくると、従来の平面の盾では防御しきれなくなった。そこで、接近戦用に真ん中が突起した盾が登場した。この盾は相手の刺す力を分散させる効果がある。盾の表面には革を重ねるが、金釘などで強化されている。持ち手はとても頑丈である。

鉤鑲《こうじょう》

漢代によく使われた鉤《こう》と盾《じゅん》を結合させた複合兵器である。上下が鉤、中間が取っ手のある小型の鉄盾である。盾は防御に、鉤はからめるのに使い、戦闘時には環首刀《かんしゅとう》とセットで用いる。つまり、鉤鑲《こうじょう》で敵の長兵《ちょうへい》器《き》を防ぎ、刀で攻撃するわけである。

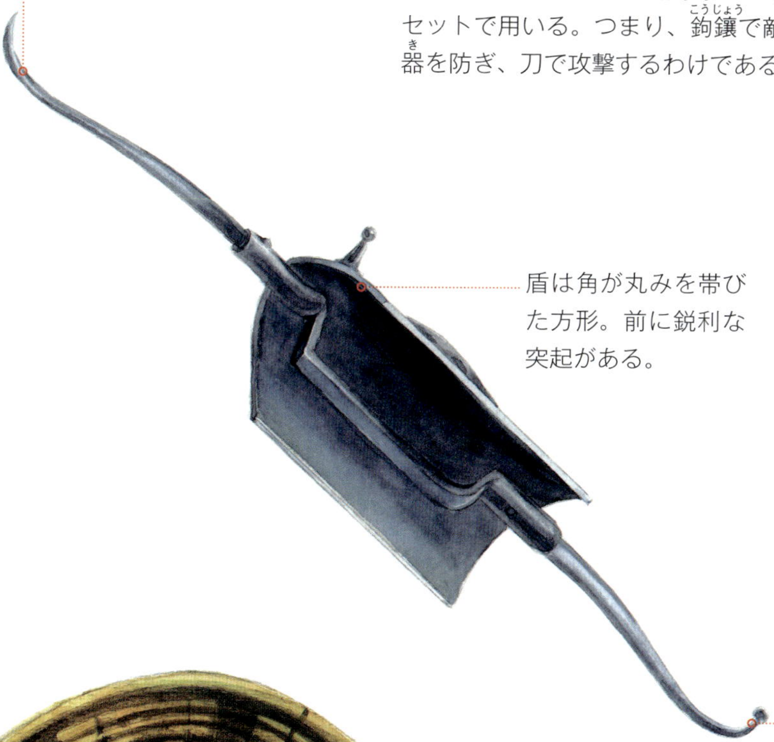
やや反っている。
先端は鋭い。
盾は角が丸みを帯びた方形。前に鋭利な突起がある。
やや反っている。
先端は小さな球。

藤盾《とうじゅん》

明・清代に火器が広く使われると、藤盾《とうじゅん》が再び軍隊で採用された。藤は固いうえに伸縮性に富み、刀剣類や箭《せん》（矢）、弾丸の攻撃にも耐えられる。主に突撃歩兵が使用した。

後漢代の大型の盾による布陣

方形の盾には手牌《しゅはい》・燕尾牌《えんびはい》・推牌《すいはい》など多彩な様式があり、歩兵が使用した。支柱を地面に挿して固定する盾もあり、それで布陣を固め、背後に弓弩《きゅうど》隊を置いて敵の突撃を防いだ。円形の盾は小型で扱いやすく、騎兵が使用した。騎兵は左手に盾を持ち、射撃をかわして突撃するが、小さいので防御力は劣る。

鎧甲（がいこう）

鎧甲《がいこう》は兵士が身にまとう防護用の用具である。秦《しん》代以前は主に皮革で製造され、「甲《こう》」「介《かい》」「函《かん》」と呼ばれた。ごく僅かであるが、青銅製もある。戦国時代後期から鉄製の製造も始まり、皮革製を「甲《こう》」、金属製を「鎧《がい》」と呼んだが、唐宋代以降その区別はなくなり、合わせて「鎧甲《がいこう》」と呼ぶようになった。

鎧甲《がいこう》は戦闘時に体の急所を護るために使い、優れた防御機能があり、ほぼすべての兵士に配備される。そのため、例えば「秦《しん》甲《こう》、渡河《とか》す（秦軍が河を渡った）」というように、甲《こう》や鎧《がい》は軍勢そのものの代名詞となった。

鎧甲《がいこう》の歴史

原始時代	最も初期の甲冑《かっちゅう》は動物の皮革、森林に生える藤や木など手に入りやすいもので作られた。当時は動きの邪魔にならないよう、胸と背中だけを護り、四肢に皮甲《ひこう》は着用しなかった。
殷・周代	体の各部位に合わせ皮革を裁断して甲片《こうへん》を作り、穴を開け糸を通して甲を綴り上げた。皮甲《ひこう》は青銅製の兵器では貫通せず、高い防御力を誇った。西周代には青銅製の銅甲も登場している。
春秋戦国	鉄製の鎧《がい》が登場した。鉄製兵器の発達にともない、鉄鎧《てつがい》が皮甲《ひこう》に代わって防具の主力となった。特に腕には鉄製の防具を使用した。
漢代	漢代では鉄甲の製造がより精密になり、鍛造技術も日増しに高度化した。当時は鉄製の甲を別名「玄《げん》」と呼んだ。つまり、黒いという意味である。
三国から南北朝	三国時代に鎧甲《がいこう》はさらに発達し、諸葛孔明《しょかつこうめい》が筩袖鎧《とうしゅうがい》（138 頁参照）を考案したと伝えられている。南北朝時代に重装騎兵が活躍するようになると、騎兵の装備に適した裲襠鎧《りょうとうがい》（139 頁参照）が普及した。
隋・唐代	隋・唐代には裲襠鎧が一般的で、唐代には明光鎧《めいこうがい》（139 頁参照）が登場した。ほかには軽くて美しい絹布甲《けんぷこう》も登場したが、実戦用ではなく、武将の平服や儀仗《ぎじょう》用に使われた。
宋代	宋代の鎧甲《がいこう》は従来の成果を踏まえ、いちだんと防御能力を高めた。軽量でも防御力のあるものが登場した。
元代	元代の鎧甲《がいこう》は内側が牛皮、外側が鉄網というもので、甲片を魚鱗《ぎょりん》のように編み、箭《せん》（矢）を通さない強さがある。各種の皮甲、布面甲《ふめんこう》も考案された。
明・清代	明代における火器の発達によって、重厚な鎧甲《がいこう》の防御能力は相対的に低下した。全身に鎧甲《がいこう》をまとうのは将軍だけで、兵士の多くは棉甲《めんこう》を着用した。清代では訓練や閲兵《えっぺい》、儀仗《ぎじょう》用にだけ使用した。

郵便はがき

1 1 3 - 8 7 9 0

料金受取人払郵便

本郷局承認

6433

差出有効期間
2026年1月
31日まで

切手は
不要です。

（受取人）
東京都文京区本郷一—二〇—九
本郷元町ビル7F

株式会社 マール社 行

本の注文ができます

TEL：03-3812-5437　FAX：03-3814-8872

マール社の本をお買い求めの際は、お近くの書店でご注文ください。
弊社へ直接ご注文いただく場合は、このハガキに本のタイトルと冊数、**裏面にご住所、お名前、お電話番号などをご記入の上**、ご投函ください。

代金引換（書籍代金＋消費税＋手数料※）にてお届けいたします。
※商品合計金額1000円（税込）未満：500円／1000円（税込）以上：300円

ご注文の本のタイトル	定価（本体）	冊数

愛読者カード

この度は弊社の出版物をお買い上げいただき、ありがとうございます。
今後の出版企画の参考にいたしたく存じますので、ご記入のうえ、
ご投函くださいますようお願い致します（切手は不要です）。

☆お買い上げいただいた本のタイトル

☆あなたがこの本をお求めになったのは？

1. 実物を見て
2. マール社のホームページを見て
3. （　　　　）の書評・広告を見て
4. ひと（　　　）にすすめられて
5. 弊社のDM・パンフレットを見て
6. その他（　　　　　　　　）

☆この本について

装丁：良い　普通　悪い

内容：良い　普通　悪い

定価：安い　普通　高い

☆この本についてお気づきの点・ご感想、出版を希望されるテーマ・著者など

☆お名前（ふりがな）　　男・女　年齢　　才

☆ご住所

〒

☆TEL　　☆E-mail

☆ご職業　　☆勤務先（学校名）

☆ご購入書店名　　☆お使いのパソコン　Win・Mac

バージョン（　　　　）

☆マール社出版目録を希望する（無料）　はい・いいえ

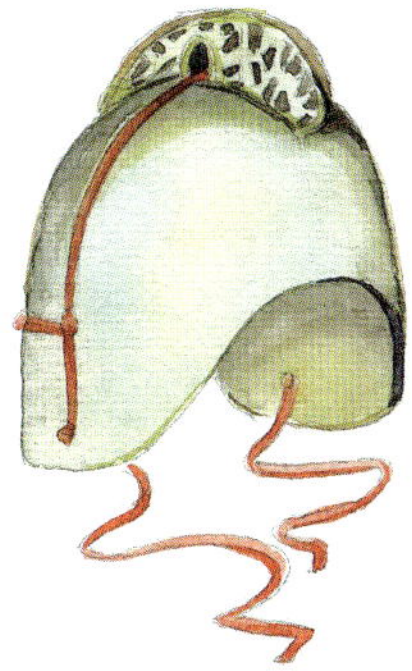

西周代の銅製甲冑《かっちゅう》

青銅器時代には青銅を鍛造《たんぞう》して小片にし、胸部や背部に綴って盾《じゅん》の役割を担わせた。銅甲はあくまで皮甲《ひこう》の補助物である。

銅甲を着用した西周の兵士

秦代の石甲《せきこう》

秦の始皇帝陵の兵馬俑《へいばよう》からは石甲《せきこう》が大量に出土している。石片は人力で削ったもので、厚さはわずか3mm、陪葬《ばいそう》用の冥器《めいき》（副葬品）である。

前漢の鉄甲《てつこう》

前漢代は鉄甲の発展期である。従来の細長い甲片で編んだ札甲《さつこう》から小さな甲片を細かく編んだ魚鱗甲《ぎょりんこう》へと発達し、胸と背だけだった防御面も肩から胴回りまでとなり、軍隊の主要防御装備となった。

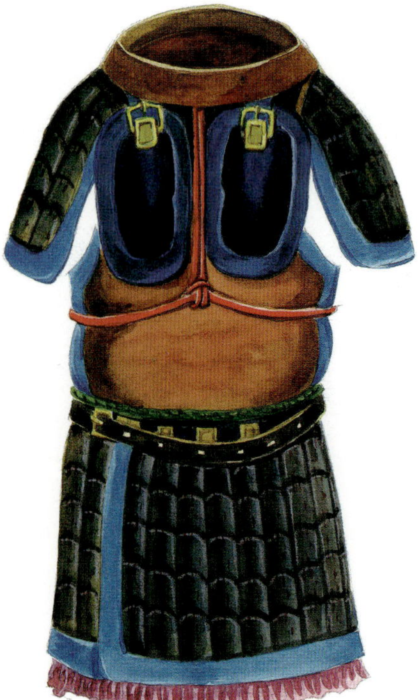

唐代の紙甲《しこう》

唐代には紙と布でできた紙甲《しこう》が登場し、膝から上を防御できた。紙甲は遠距離射撃兵器には有効であったが、接近戦での刀や槍といった冷兵器《れいへいき》の攻撃には無力である。

明代の木甲《もくこう》

火器が普及してから、竹木が多く生える南方では防弾用に木甲《もくこう》が作られた。

清代の棉甲《めんこう》

清代に普及した戦闘服である。外に各種の図案を刺繍し、内は半円形の銅片で装飾を施した。肩には長い銅片を置き、中に甲片を綴っている。棉甲《めんこう》は分厚く堅牢で、箭《せん》や鳥銃の弾丸に耐えた。

冑（ちゅう）

冑《ちゅう》とは古代の戦士がかぶる帽子であり、金属製の冑を「盔《かい》」「鍪《ぼう》」とも呼ぶ。

銅製の冑《ちゅう》の作りは似通っており、みな鋳《い》型《がた》で鋳造されたものである。鋳型の継ぎ目が冑の中心線の盛り上がった筋にあたる。冑の紋様、装飾はこの筋から左右対称に描かれている。冑の左右と後方は下に伸び、耳と頚部を護る。

多くの銅冑《どうちゅう》の前面には獣面の装飾が鋳造されている。額の中心線上には扁平の鼻があり、巨大な眼と眉毛が鼻の上から左右に広がり、両耳へとつながっている。なかにははね上がった二本の角を持つものもある。円い鼻の下が冑の縁になり、戦士の露出した顔面がちょうど獣の口になるという意匠である。また、獣面ではなく、大きな両眼だけを鋳造したものもある。

殷代の青銅冑《せいどうちゅう》

戦国の鉄冑《てつちゅう》

明代の冑《ちゅう》

歴代の甲冑

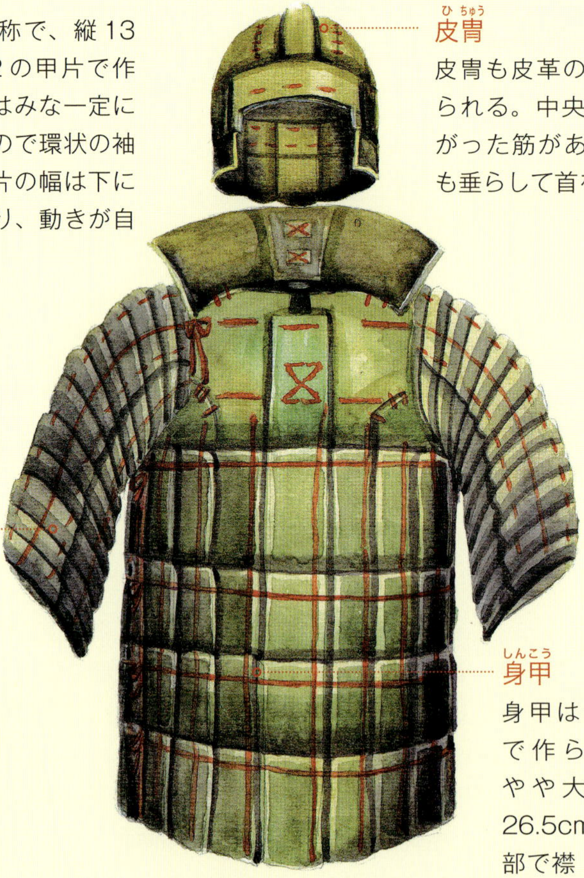

袖筒《しゅうとう》

甲袖《こうしゅう》は左右対称で、縦 13 横 4、合計 52 の甲片で作られる。甲片はみな一定に湾曲しているので環状の袖形になり、甲片の幅は下に行くほど狭まり、動きが自在である。

皮冑《ひちゅう》

皮冑も皮革の甲片で作られる。中央に盛り上がった筋があり、下にも垂らして首を護る。

身甲《しんこう》

身甲は合計 20 の甲片で作られる。甲片はやや大きく、最大で 26.5cm に達する。上部で襟（高領《こうりょう》）、肩で両袖につながる。

戦国時代の皮甲《ひこう》

秦代の将軍用の鎧甲《がいこう》

甲衣の前は97cm、後ろは55cmである。前は下に垂らして先端が尖る形にし、後ろはまっすぐ水平である。胸や背の上部に甲片による防護はなく、彩色した幾何文様が描かれている。甲片は革紐または牛筋で綴られて固定され、鋲《びょう》が打たれている。胸から下、背中の中心から腰にかけて小型の甲片が綴られている。

全体で甲片は160個あり、形状は方形である。両肩には披膊《ひはく》（防護用の肩あて）があり、胸や肩には彩色紐の結び目が露出している。

秦代の兵卒用の鎧甲《がいこう》

甲衣の長さは前後同じである。そのため、下に垂らすと通常は裾が円形を描く。布の裏打ちはない。肩の甲片の合わせ方は上片が下片を押さえる形であるが、腹の甲片は動きの妨げにならないよう、下片が上片を押さえる形である。すべての甲片に釘が使われている。

後漢の筩袖鎧《とうしゅうがい》

後漢から三国時代に普及した鎧甲《がいこう》は桶のような形と袖付きなので筩袖鎧《とうしゅうがい》と呼ばれる。筩袖鎧《とうしゅうがい》は金属片で編まれ、短い袖で兵士の上腕と脇の下を護る。漢代の鎧甲《がいこう》は胸で左右に開くことができたが、防御力を高めるために筩袖鎧《とうしゅうがい》は前開きをやめ、頭からかぶるようにできている。

素材には特に注意が払われている。ことに将軍が着用したものは、甲片が兵卒用より磨きがかけられ、数量も多い。

三国時代の藤甲《とうこう》

藤甲《とうこう》はやや原始的な防御用具であるが、『三国志演義《さんごくしえんぎ》』に詳細な記述がある。諸葛孔明《しょかつこうめい》率いる蜀《しょく》軍は烏戈《うか》国の兀突骨《ごつとつこつ》率いる藤甲《とうこう》軍に苦戦する。その藤は烏戈《うか》国の深山絶壁に生え、半年油に漬け、天日で乾かしてからまた油に漬けるという工程を繰り返すという。藤甲《とうこう》は水をはじき、刀も通らぬ強靭さを持っていた。諸葛孔明は油漬けなので火に弱いという弱点を見抜き、渓谷に誘い込んで火攻めにし、藤甲軍を殲滅《せんめつ》した。

騎兵が動きやすいよう、肩のベルトで前後をつなげる。
胸甲と背甲は甲片を編んだもの。

南北朝の裲襠鎧《りょうとうがい》

魏《ぎ》・晋《しん》から南北朝時代に普及した様式で、胸部と背の二部位を防御する。素材は主に硬い金属や皮革である。甲片は細長い方形と魚《ぎょ》鱗《りん》形の二種があるが、小さな魚鱗タイプの方が動きやすい。金属の甲片で肌が傷つかないように、裲《りょう》襠鎧《とうがい》を着用する時は下に厚手の衣裳を着た。

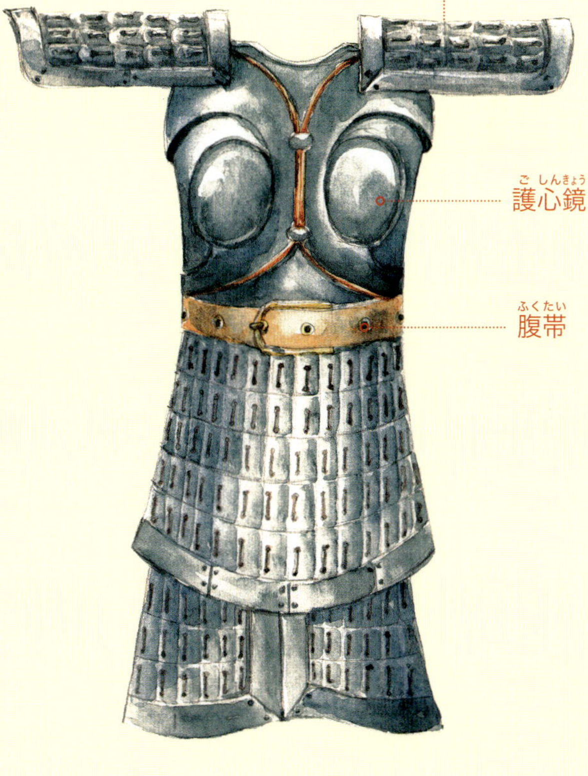

護肩《ごけん》
護心鏡《ごしんきょう》
腹帯《ふくたい》

唐代の明光鎧《めいこうがい》

魏・晋から唐代にかけてもてはやされた鎧甲《がいこう》である。前と背に円形の金属製防護板がある。戦場で太陽に照らされると磨きのかかった金属板が光り輝くため「明光《めいこう》」と呼ばれた。時代を超えて使われたので様式は多彩であるが、肩や膝の防具があるなしにかかわらず、円い金属板を備えている点が共通の特徴である。

宋代の瘊子甲《こうしこう》

甲片は冷間鍛造《れいかんたんぞう》法で製作され、本来の厚さの三分の一まで鍛えられ、青黒い色をしている。甲片の端に箸《はし》の頭大の粒が残されている様が瘊子《こうし》（いぼ）に似ているので「瘊子甲《こうしこう》」と呼ばれる。

元代の甲

モンゴルの騎兵の胸甲は四部分からなる。ひとつは体のラインに沿って首から股まで、もうひとつは腰から膝まで、さらに両肩の防具が二つである。

明代の甲

明代の軍服は長い裾丈で袖が細いのが特徴である。色は赤か白である。騎兵は乗馬に適した対襟甲《ついきんこう》で、銅か鉄製の兜を着用した。歩兵の多くは柔らかい帽子をかぶった。

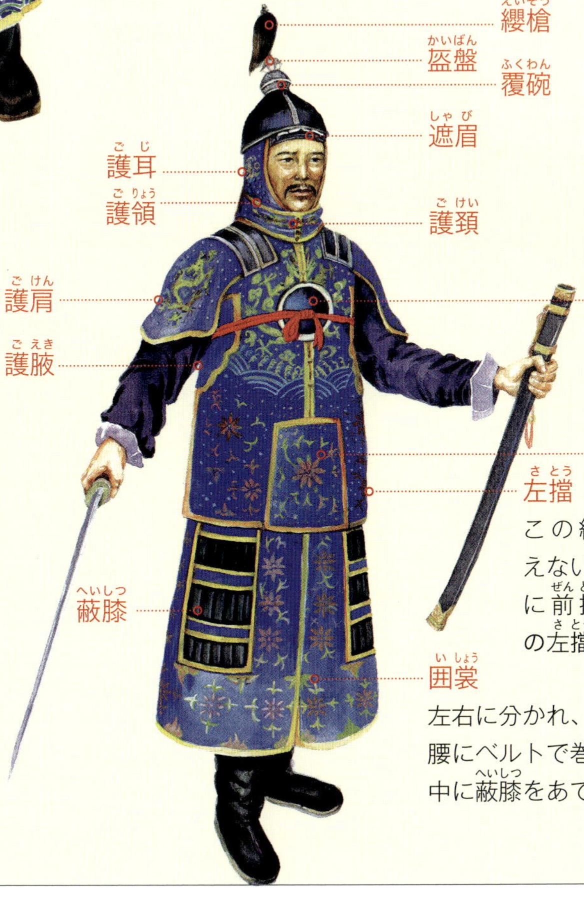

纓槍《えいそう》
盔盤《かいばん》
覆碗《ふくわん》
遮眉《しゃび》
護耳《ごじ》
護領《ごりょう》
護頚《ごけい》
護肩《ごけん》
護心鏡《ごしんきょう》
護腋《ごえき》
前擋《ぜんとう》
左擋《さとう》
この絵では見えないが、左腰に前擋《ぜんとう》と同様の左擋《さとう》がある。
蔽膝《へいしつ》
囲裳《いしょう》
左右に分かれ、着用時は腰にベルトで巻く。真ん中に蔽膝《へいしつ》をあてる。

清代の甲

清代の鎧甲は甲衣と囲裳《いしょう》に分かれる。甲衣には護肩《ごけん》、護腋《ごえき》が付き、胸と背に金属製の護心鏡《ごしんきょう》、さらに腹部を護る台形の前擋《ぜんとう》がある。左腰には左擋《さとう》があるが、右腰にはない。これは右に弓箭《きゅうせん》や箭嚢《せんのう》を佩《お》びた名残である。

『大閲図《だいえつず》』にみる乾隆《けんりゅう》帝の軍服正装

故宮博物院に収蔵されている清・乾隆《けんりゅう》帝の御用鎧甲《ぎょようがいこう》は美麗精緻の極致である。その鎧甲《がいこう》は銅盔《どうかい》、護項《ごこう》、護膊《ごはく》、戦袍《せんぽう》、護胸《ごきょう》、銅鏡《どうきょう》、戦裙《せんくん》、戦靴《せんか》の八部分からなる。全体に豊かな装飾性に満ち、独特の民族的特色にあふれている。

七

戦車と騎兵

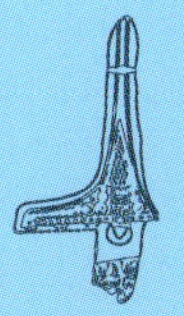

戦車は突進力に満ちた兵器であり、夏《か》・殷《いん》・周《しゅう》代に広く使われた。しかし、車体が大きくて小回りがきかず、地形によっては戦闘力を殺《そ》がれることがあった。戦国時代に出現した騎兵は、優れた機動性と複雑な地形にも対応できる自在性を備え、長距離の出撃や追撃、急襲、迂回、分散攻撃など、さまざまな戦術を実施するのに適している。秦・漢代になると、騎兵は戦車に代わって冷兵器《れいへいき》時代の陸戦における最強の兵力となった。

戦車（せんしゃ）

戦車とは戦士を乗せて戦車戦や野戦を戦う木製の車輌を指し、他の補助的な車は含まれない。文献には、夏《か》代にすでに戦車は存在し、夏王・啓《けい》が甘《かん》で戦った時に戦車を使ったとある（『史記《しき》・夏本紀《かほんぎ》』）。その後、戦車は徐々に軍隊の中核的装備となり、戦争は戦車の攻防が主流となった。夏《か》の末年、殷の湯王《とうおう》は夏と戦った時に戦車70乗を使った。殷の末年に周の武王《ぶおう》が紂王《ちゅうおう》を牧野《ぼくや》の戦いで討った折には戦車300乗を動員した。春秋時代になって戦争の規模が拡大すると、戦車は国力を測定する基準となり、「千乗の国」「万乗の国」という表現が定着する。

春秋から戦国時代へと移行する頃、歩兵と騎兵が連携して戦う新たな軍隊が出現した。戦国時代の兵法書『六韜《りくとう》』はこう述べている。「戦車は軍の羽翼である。敵の堅陣を攻略し、主力を撃退し、逃走を阻止する兵器である」。さらに、戦車は編隊を組んでこそ力を発揮できると指摘したうえで、戦車、騎兵、歩兵の戦力を詳細に論じている。平原の野戦において、戦車1乗は歩兵80名、騎兵10騎に匹敵し、険しい地形での戦いにおいては、戦車1乗は歩兵40名、騎兵6騎に相当すると考えられたのである。

しかし、鉄製の武器と弩《ど》の出現によって、歩兵と騎兵は密集して編隊を組む戦車に効果的な攻撃を加えられるようになった。それ以降、車体が大きく操縦が難しい戦車は戦争の主役を務められなくなり、戦車戦も戦争の主流ではなくなった。漢の武帝《ぶてい》代、漢王朝の軍隊は匈奴《きょうど》との継続的な戦争を遂行するため大規模な騎兵部隊を編成するにいたり、戦車は戦争の舞台から姿を消していったのである。

漢字の「車」

古代の文字では、戦争に関係する文字の多くが車を含んでいる。例えば「軍」や「陣」である。古代の字書『説文解字《せつもんかいじ》』は「軍とは兵と車である」、『玉篇《ぎょくへん》』は「陣とは旅（軍隊）である」と解釈している。これらは漢字が形成された当時の戦車の隆盛を物語るものである。

甲骨文の「車」

甲骨文の「軍」

殷・周代の戦車

文献や出土品から判断すると、殷・周代の戦車の形態や構造にあまり変化はない。方形の車廂《しゃしょう》（車体部分）、一本の轅《えん》（ながえ）、二つの車輪が基本である。車輪の直径は130～140cm、輻《ふく》（や）は18～24本である。轂《こく》（こしき）はやや長く、輪の外に出ている。轅《えん》の前方で衡《こう》（よこぎ）を横に渡し、衡《こう》に二つの軛《あく》（くびき）を結わえて馬を制御する。

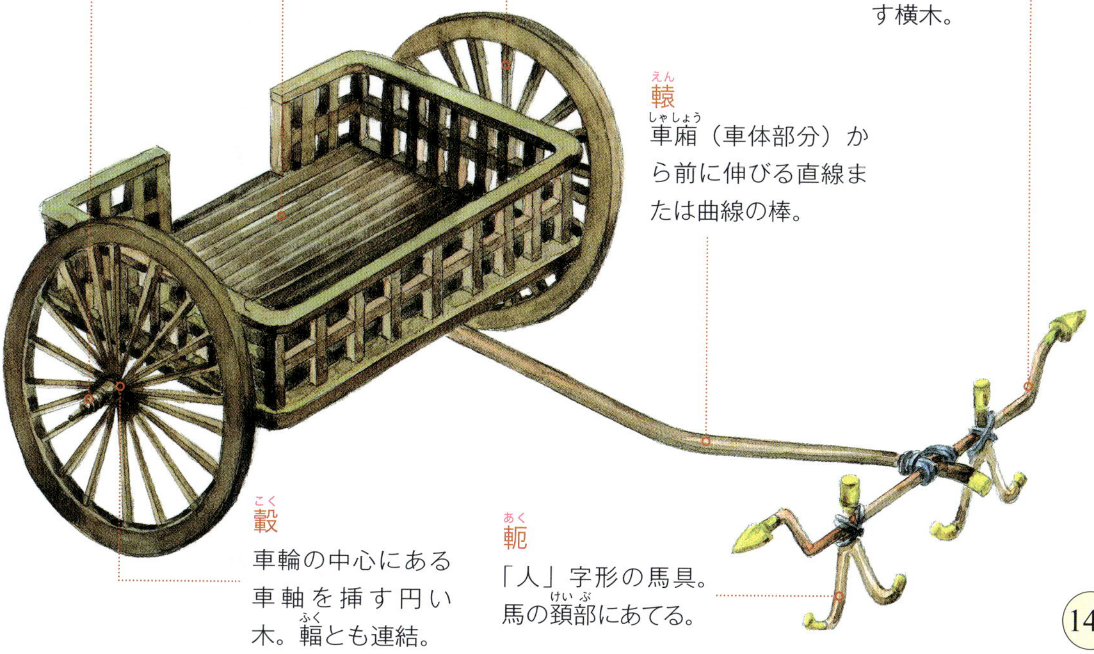

軎《えい》
円筒状の車軸の先端に取り付ける青銅製の部品。

輿《よ》
車廂《しゃしょう》（車体部分）または車全体を指す。

輻《ふく》
車輪の中の真っ直ぐな棒。

衡《こう》
轅《えん》の前に渡す横木。

轅《えん》
車廂《しゃしょう》（車体部分）から前に伸びる直線または曲線の棒。

轂《こく》
車輪の中心にある車軸を挿す円い木。輻《ふく》とも連結。

軛《あく》
「人」字形の馬具。馬の頚《けい》部《ぶ》にあてる。

戦車の装備

戦車をひく四頭の馬のうち、中の二頭を「服《ふく》」、左右の馬を「両驂《りょうさん》（右驂《ゆうさん》・左驂《ささん》）」と呼び、四頭あわせて「駟《し》」と呼ぶ。戦車一台には三名の甲兵が乗車する。左側が「車左《しゃさ》」で弓や弩を持ち、右側が「車右《しゃゆう》」で戈《か》や矛《ぼう》を持つ。真ん中の帯剣した甲兵が「参乗《さんじょう》」で戦車の操縦を担当する御者《ぎょしゃ》である。

三名の甲兵が武器を身に佩《お》びるほか、車上には柄のある戦闘兵器が装備されている。『考工記《こうこうき》』には、「戈《か》、殳《しゅ》、戟《げき》、酋矛《しゅうぼう》、夷矛《いぼう》」が戦車の五兵器であると述べられている。こうした兵器が戦車に装備され、実戦で使われたが、出土した戦車にこの「五兵」がすべて備わっているとは限らない。

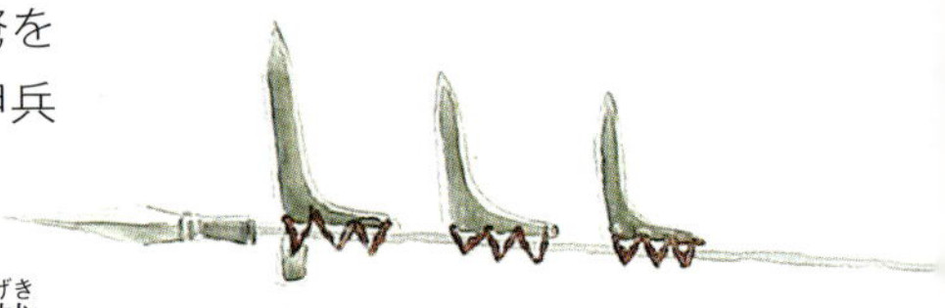

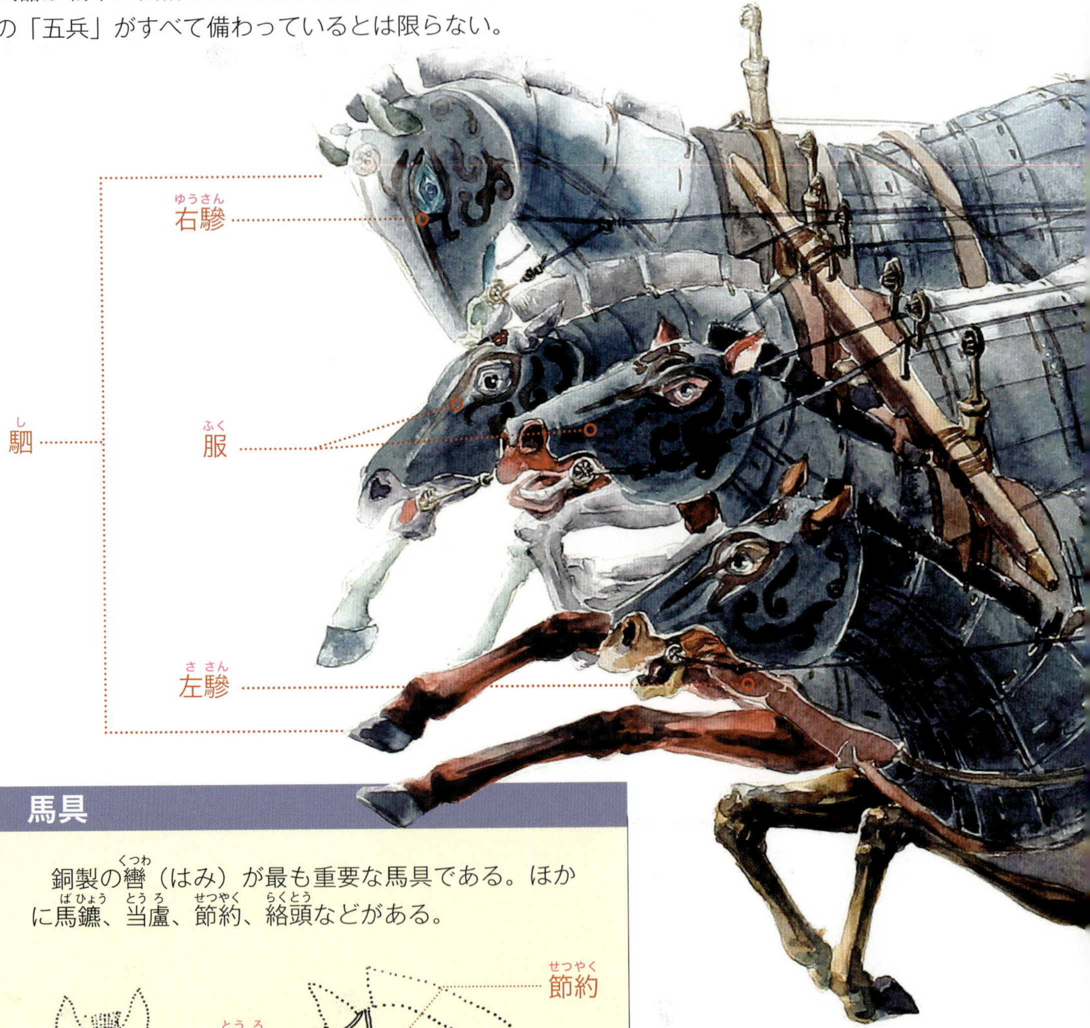

馬具

銅製の轡《くつわ》（はみ）が最も重要な馬具である。ほかに馬鑣《ばひょう》、当盧《とうろ》、節約《せつやく》、絡頭《らくとう》などがある。

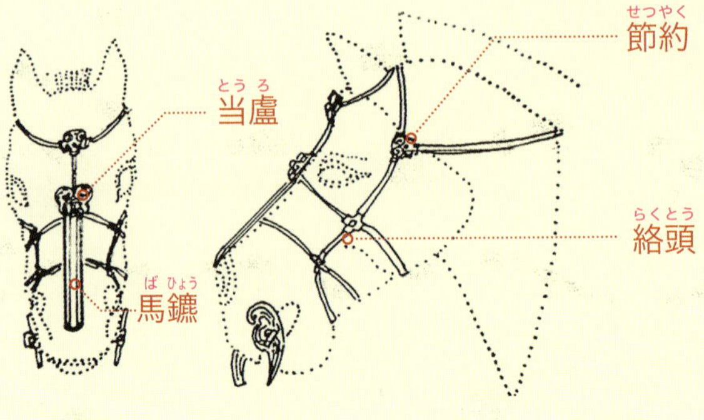

青銅製の車器《しゃき》

戦車は木製であるが、重要部品には青銅を使い、強化と装飾を施す。これを「車器《しゃき》」と呼ぶ。車軸《しゃじく》は戦車の最重要パーツであり、約 3m 前後もある。車軸の先端部分が「軎《えい》」で、矛形《ぼうけい》にして攻撃力を持たせることもある。

戦車戦の戦い方

戦車戦ではまず最適の陣形をとり、態勢を整えてから攻撃することが肝要である。戦端はまず弓射《きゅうしゃ》からひらかれるが、横に広がった陣形をとらない限り威力は発揮できない。縦長に配置した場合、戦車からの射撃を効果的にするために前列は横へ展開する。戦車の車軸はかなり長く、接近戦でも互いに間合いがとれるので、車右の甲兵は長柄の兵器しか使わない。基本的に戦車戦において短剣は無用である。

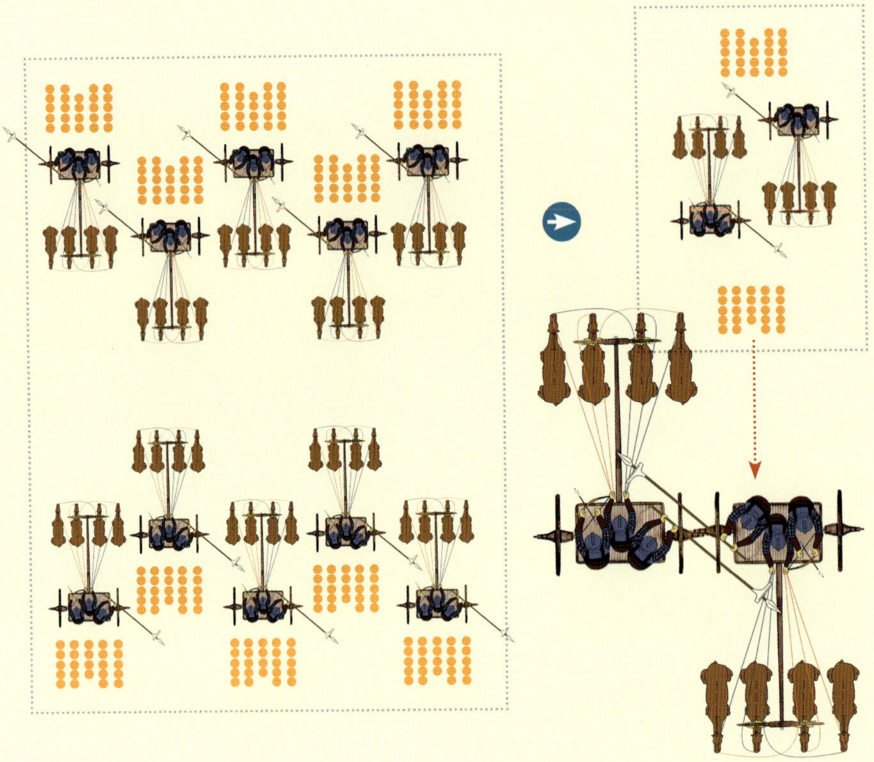

戦国末年から秦・漢代の戦車戦

戦国の末期でも各国は相当数の戦車を保有し、時おり大規模な戦車戦が発生した。『史記』によれば、当時の秦軍は「兵百余万、戦車千乗」で編成されていたという。秦から漢にかけても、樊噲《はんかい》や夏侯《かこう》嬰《えい》、灌嬰《かんえい》といった漢の武将たちは戦車戦を得意とし、数多くの武功をあげている。当時の戦争では戦車はなお一定の力を発揮していたのである。

戦車戦を指揮する秦王

騎兵（きへい）

騎兵は一人で馬一頭に騎乗して戦う。その長所は抜群の機動性と突撃能力にある。春秋時代以前は戦争と言えば戦車戦が主流で、戦車の数こそ軍事力の象徴であり、基本的に騎兵は存在しなかった。

戦国時代になってから、北方遊牧民族の軽快で機動力に富む騎兵が各国に大きな損害を与えたため、中原《ちゅうげん》の諸国も騎兵部隊を創設するようになった。なかでも趙《ちょう》の武霊《ぶれい》王《おう》は騎乗に適した西方異民族の軍服を採用し（いわゆる「胡服騎射《こふくきしゃ》」）、戦国後期に趙を秦《しん》と対抗できる数少ない軍事大国のひとつに育てあげた。

秦の騎兵も強大であった。そもそも秦は

胡服騎射《こふくきしゃ》

漢字の「馬」

中国では六千年も前から野生の馬を飼い馴らして家畜としてきた。その後、馬は交通運輸と軍事の重要な動力となった。漢字の「馬」はその姿を写した象形文字である。

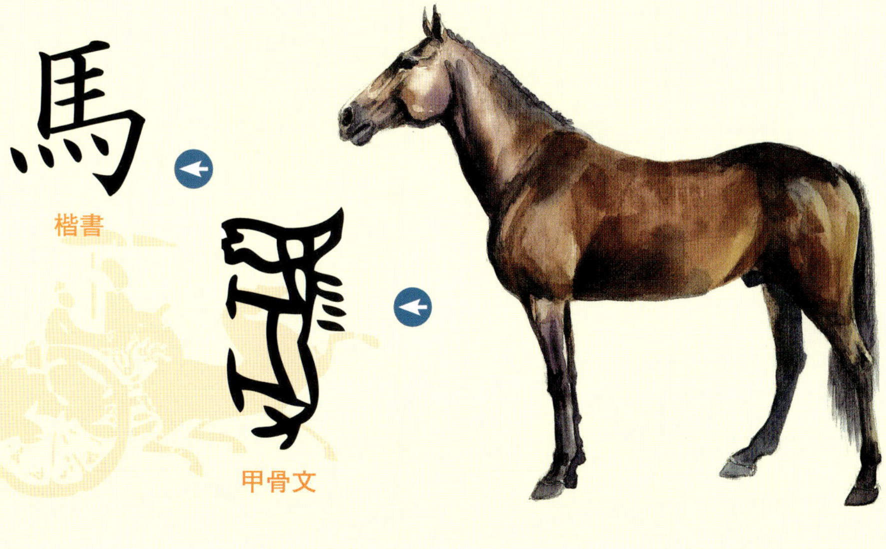

先祖が馬の生産の功績で周から土地を賜ったというだけあり、馬の飼育には長い経験と歴史を持っていた。穆公《ぼくこう》の時代には伯楽《はくらく》が『相馬経《そうばけい》』を著し、馬を品種・体型・毛色で分類し、それぞれの頭・頚・胸・腹・背・脚・尾・蹄の具体的な形状と寸法、比率によって優劣を判断したと伝えられている。秦の政策により、恵王の時代に騎兵は一万の規模に達した。

戦国から秦代の騎兵には鞍《くら》は装備されていたが、鐙《あぶみ》はまだなく、片手は必ず鞍橋《くらぼね》をつかんでいて両手を放せなかったので、馬上での行動は不自由であった。そのため、当時の騎兵はまだ敵に大きな脅威を与えるものではなく、奇襲の手段として使われた。つまり、騎兵は馬に乗った歩兵にすぎなかったのである。

秦と趙との長平《ちょうへい》の戦い（前260年）では、秦の将軍・白起《はくき》が精鋭の騎兵五千で趙軍を分断し、四十万の敵軍を殲滅《せんめつ》した。楚漢戦争（前206年〜前202年）の趙との戦いでは、漢の韓信《かんしん》が二千の軽騎兵で敵の本陣を急襲し、戦局を一気に逆転させた。

前漢・後漢代を通じ、北方の匈奴《きょうど》などの遊牧民族はたびたび南下しては漢の領土を脅かした。匈奴の人々は小さい頃から馬上で暮らし、騎射に長けていた。彼らは並はずれた乗馬技術を持ち、馬上からの弓射《きゅうしゃ》も正確であったため、漢にとっては悩みの種だった。そのため、漢朝は騎兵の育成に力を注いだ。前漢の文帝・景帝の時代には「馬復令《ばふくれい》」を発し、徭役《ようえき》を免除するかたち

漢代の騎兵

衛青《えいせい》が武剛車《ぶごうしゃ》を展開して匈奴《きょうど》と戦う

漢の将軍・衛青《えいせい》は武剛車《ぶごうしゃ》（矛戟類を挿し、皮革で覆った輜重車《しちょうしゃ》）に円陣を組ませて営塁《えいるい》とし、左右両翼から騎兵を突撃させて単于《ぜんう》を包囲した。匈奴の兵士は恐怖におびえ、われ先に逃走した。

で民間での馬の飼育を奨励した。中央と地方に「馬政《ばせい》」専門の機関を設立し、中央では※太僕《たいぼく》が、地方では※馬丞《ばじょう》がそれぞれ馬の飼育と軍馬供給の職務を担当した。漢初から武帝の時代までに国の厩舎《きゅうしゃ》では四十万頭を数える馬が飼育されるようになった。これによって衛青《えいせい》や霍去病《かくきょへい》ら名将軍が匈奴を敵地深くまで追撃できるようになっただけでなく、戦時の軍馬の消耗にも対応できるようになったのである。

前漢の武帝《ぶてい》は名馬を求めてたびたび西域に出兵した。紀元前119年、霍去病《かくきょへい》は五万の騎兵を率いて匈奴を撃ち、敵軍の本拠・狼居胥山《ろうきょしょざん》（現在のモンゴル・ヘンティー山脈）で大勝し、勝利の儀式を終えて帰還した。

※太僕・馬丞：官名

北朝の重装騎兵

北朝では重装騎兵が主流である。人馬ともに重装備の鎧甲《がいこう》を着用しているので、防御力が高い。遠距離兵器には弓を使い、長兵器類は貫通力の高い長矛《ちょうぼう》が使われた。接近戦での刀は幅広になり、先端も前に鋭く反り上がる形になり、歩兵への攻撃力が増した。

馬具《ばぐ》と馬甲《ばこう》

三国時代から南北朝にかけても戦乱が続いたが、この時代にも北方の遊牧民族が数多く中原《ちゅうげん》に進攻し、独自に政権を樹立した。彼らは牧畜業の振興に努め、騎兵を育成した。西晋《せいしん》代には鐙《あぶみ》が発明され、騎兵の長距離行軍が可能になり、その機動力と突撃能力の高さが発揮できるようになった。前燕《ぜんえん》と冉魏《ぜんぎ》の廉台《れんだい》での決戦（352年）では、はじめ前燕《ぜんえん》は冉閔《ぜんびん》率いる勇猛な歩兵に苦しめられた。そこで弓射に長けた兵士を選抜して重装備させ、鉄鎖で馬につなげて重装騎兵の方陣を編成し、攻撃部隊の前面に置いた。さらに他の部隊を両翼に配して挟撃し、冉閔《ぜんびん》の軍隊を撃退して冉魏《ぜんぎ》を亡ぼした。

隋・唐から五代にかけて、軍隊における騎兵の地位が確立された。唐太宗・李世民《りせいみん》は騎兵戦を得意とし、みずからも最前線に立った。この時、馬の機動力を高めようと、馬を護る馬甲《ばこう》を外して戦った。そのため李世民が騎乗した軍馬には死傷が相次いだ。なかでも有名な六頭は、昭陵《しょうりょう》（太宗・李世《りせい》民《みん》の陵墓）に石刻が残されている。これが「昭陵六駿《しょうりょうりくしゅん》（154頁参照）」である。

唐は起兵の当初から「馬政」を構築して軍馬の育成に励んだ。唐は辺境の地に多数の牧場監督機構を作り、太僕《たいぼく》に管理させた。馬五千頭以上の管理者が上監、三千頭以上が中監、三千頭以下が下監である。盛唐期には各地から名馬を集め、騎兵部隊を組織して突厥《とっけつ》（北方の遊牧騎馬民族の国家）の騎兵と真っ向勝負を挑み、高い勝率をあげた。

唐代の騎兵

唐代の騎兵は主に突撃して攻め込んだ。槍の穂先は短く、長柄をつけた。馬の突進力を借りると敵の鎧甲《がいこう》を簡単に貫通する。

昭陵六駿（しょうりょうりくしゅん）

唐の大画家・閻立本《えんりっぽん》の下絵をもとに彫刻された石刻。六駿にはたてがみに三花《さんか》の装飾があり、尾を束ねている。各種馬具も当時の軍馬の姿を克明に伝えている。

特勒驃《とくろくひょう》

毛色は明るい栗毛で、口元がかすかに黒い。唐の武徳２年から３年(619～620年)に太宗《たいそう》が山西で宋金剛《そうこんごう》と戦った時に騎乗した馬である。

唐初はまだ天下が平定されておらず、強力な軍事力を持つ宋金剛《そうこんごう》が澮州《かいしゅう》を陥れた。太宗は愛馬の特勒驃《とくろくひょう》に乗って勇猛果敢に敵陣に斬り込み、一昼夜にわたって戦い続けたという。

青騅《せいすい》

毛色は蒼と白の芦毛《あしげ》である。唐の武徳４年（621年)、太宗が竇建徳《とうけんとく》を平定した時に騎乗した馬である。

武牢関《ぶろうかん》の戦いで唐朝は天下統一への決定的な勝利を収めた。この重要な戦役で太宗は幾度も死地に立たされ、三頭の愛馬を失ったが、青騅《せいすい》はその中の最初の一頭である。青騅《せいすい》は戦いの中で五本の矢を受けたが、みな前からであり、その俊足ぶりが偲ばれる。石刻は飛ぶように疾駆する青騅を生き生きと描いている。

什伐赤《じゅうばつしゃく》

毛色は真っ赤な栗毛である。太宗が竇建《とうけん》徳《とく》、王世充《おうせいじゅう》と戦った時に騎乗した馬である。什伐赤《じゅうばつしゃく》は五本の矢を受け、そのうち一本は背後から受けたものであるが、流血しながらも奮戦したと伝えられている。石刻は飛びながら疾駆する姿を描いている。

颯露紫《さつろし》

毛色は紫紅《しこう》の栗毛である。太宗が東都洛《らく》陽《よう》の王世充《おうせいじゅう》を討った時に騎乗した馬である。矢を抜いているのは邱行恭《きゅうこうきょう》という人物で、六駿《りくしゅん》の中で唯一刻されている家臣である。

洛陽邙山《ぼうざん》での戦いで胸に矢を受けた颯露《さつろ》紫《し》はどっと地に倒れた。そこへ邱行恭が助けに入り、矢を抜くと、颯露紫はすっくと立ち上がり、太宗は難を逃れた。この戦いに勝利を収めた後、太宗は邱行恭の戦功を称えて颯露紫とともに石刻にその姿を刻した。

※ 颯露紫《さつろし》と拳毛騧《けんもうか》はレプリカ。

拳毛騧《けんもうか》

毛色は栗毛で、口元が黒い。太宗が劉黒《りゅうこく》闥《たつ》を平定した時に騎乗した馬である。

武徳５年（622年）、太宗は唐軍を率いて現在の河北省曲周《きょくしゅう》一帯で劉黒闥と戦った。その際、拳毛騧《けんもうか》は九本の矢を浴びても戦闘が終わるまで倒れず、その後絶命したという。

白蹄烏《はくていう》

毛色は漆黒で、蹄《ひづめ》だけが白い。武徳元年（618年）、太宗が陝西省長武《せんせいしょうちょうぶ》の浅水原《せんすいげん》で薛仁杲《せつじんこう》と戦った時に騎乗した馬。

太宗は西北地方を支配していた薛仁杲《せつじんこう》との漢中の争奪戦に勝利を収め、追撃に入った。この時、太宗は俊足を誇る白蹄烏《はくていう》を駆《か》って一昼夜に二百余里を走り、薛仁杲を降伏に追い込んだ。

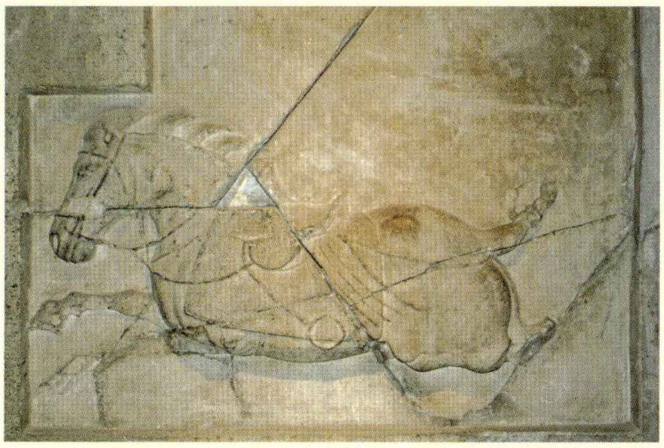

五代以降の宋《そう》・遼《りょう》・金《きん》・西夏《せいか》の諸国が並立した時期、騎兵は北方遊牧民族の精鋭軍となった。遼と金の軍隊は騎兵による作戦行動を深く研究し、抜群の機動力を誇った。遼と宋との幽州《ゆうしゅう》をめぐる戦いでも、遼軍は平坦な地形を利用した騎兵の機動力で宋軍を撃破した。

金の軍隊も優れた騎兵を持ち、野戦を得意とした。金には有名な「拐子馬《かいしば》」という作戦があった。つまり、歩兵を正面に置き、馬を連結させた重装騎兵を両翼から突撃させるもので、平原での対宋戦に絶大な威力を発揮した。この頃から騎兵の軽装化が始まり、防具を少なくして機動力がより強化された。

北宋と南宋は西北地域にある馬の産地を領有できなかったため、辺境の地で購入するか牧場経営するしかなく、馬の数量そのものが少なかった。戦争の際、騎兵は歩兵の陣形の周囲に置き、歩兵と連動するか側面の防護にあたるのが基本であった。

オノン川の河畔に興ったモンゴル民族の騎兵戦術は冷兵器時代のピークに達するものであった。モンゴル民族は「馬に乗れば戦いに備え、馬を下りれば牧畜に励む」のが旨で、戦時には武器を装備して出征し、平和時には普通の遊牧民として過ごした。軍隊の戦闘力を保持するために、彼らはよく大規模な狩りを行って鍛錬を怠らなかった。子供たちも幼時から騎馬と弓射《きゅうしゃ》の技能を学び、加えてチンギス・ハンなど傑出した戦術家を輩出し、モンゴル軍は世界最強

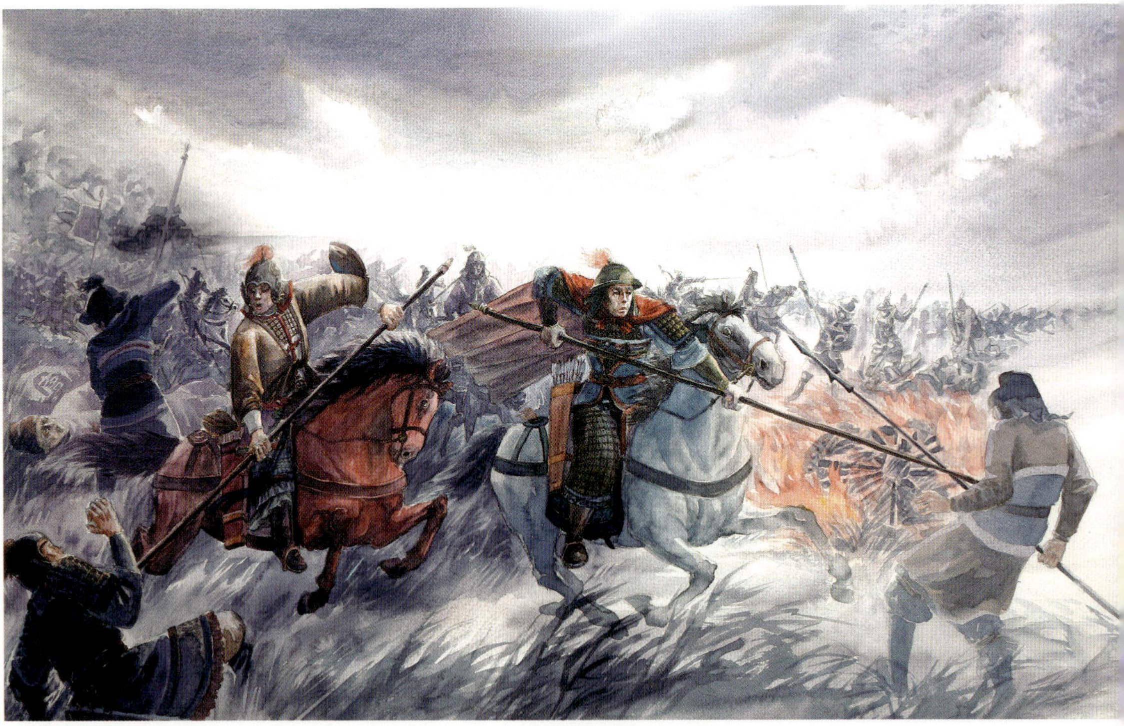

北宋初期の騎兵

初期の北宋と西夏は密接な関係があったため、多数の河曲《かきょく》馬が宋の軍隊に採用され、南は南唐との戦い、北は遼との戦いに参戦した。遼はこれに怒り、西夏に討伐軍を派遣した。その後、各国との関係悪化にともない、北宋の軍馬供給は逼迫していった。

の軍隊となった。元軍は前代未聞の広大な土地を征服し、宋・金・西夏を滅ぼした。モンゴルの騎兵は機動力の向上のために、一名の兵士につき六頭以上の軍馬を用意し、順に乗り替えることで一日百キロ近くも前進できた。

蒙古《もうこ》馬は体はやや小さいが適応力に優れ、粗食に耐え寿命も長いので、長距離行軍にうってつけである。給餌も容易でいつまでも使役できる。蒙古馬の母馬が哺育期間の場合、その馬乳は兵士たちの貴重な食料となり、補給線の延びすぎという問題も解消されたのである。

明の朱元璋《しゅげんしょう》も強力な騎兵によって天下を統一した。彼は「馬政《ばせい》」を国家の重要任務とみなした。「古代から天下国家を預る者はみな馬政を重視してきた。国の富とは何かと問えば、馬の数で答えるのはそのためである」。彼は馬が多ければ多いほど、国力が強盛であると考えたのである。そのため、明代には数多くの養馬機関が設立された。民間で飼育された軍馬は首都で使われ、国の厩舎で飼育された軍馬は辺境防備の軍で使われた。

明代の軍隊は火器を装備したうえで、騎兵とその他の種類の兵との共同作戦をたえず試みた。そしてまず火器で襲撃し、次に騎兵が突撃し、歩兵がその後に続くという戦法が編み出されたのである。

清朝も弓馬の軍事力によって建国したため、騎兵の整備に心血を注いだ。しかし、さしたる戦術上の進展はなく、しかも火器を重視しなかったため、中国は列強の意のままにされるという立場に転落した。

1860年、騎兵を主力とする清軍は通州《つうしゅう》の八里橋《はちりきょう》で英仏連合軍の侵攻を阻止しようとした。清軍は奮戦したが、敵の集中砲火を浴びて全滅した。中国における騎兵の歴史はこの時、悲壮なピリオドが打たれたのである。

清代『阿玉錫持矛蕩寇図《あぎょくせきじぼうとうこうず》』の騎兵

中国の名馬

種類	産地	形態の特徴	習性
蒙古馬《もうこば》	主に内モンゴルの大草原	体が太く、四肢に力がある。頭が大きく額が広い。胸郭《きょうかく》が大きく脚が短い。関節や腱が発達している。	世界最古の馬種の一つ。忍耐力があり、寒さに強く、生命力に富む。戦場では慌てず騒がず、勇猛果敢な優れた軍馬である。
カザフ馬	新疆《しんきょう》	外観は蒙古馬と似ているが、やや背が高い。耳が短く頚が細長い。背から腰がまっすぐで、後ろ肢が刀状。	適応性があり、寒冷地も苦にしない。西北地域の馬の多くはカザフ馬と血縁関係がある。イリ馬も品種改良された子孫である。
河曲馬《かきょくば》	黄河上流の青海《せいかい》・甘粛《かんしゅく》・四川《しせん》にまたがる草原	中国で最大の体格をもつ優秀な馬種である。胸郭《きょうかく》が大きく、がっしりとした体型。筋肉が発達している。	性格が穏やか。高原、寒冷地など変化の多い気候への適応性に優れる。持久性に富み、疲労回復が早い。長距離行軍に適している。
西南馬《せいなんば》	四川《しせん》・雲南《うんなん》・貴州《きしゅう》・広西《こうせい》一帯に分布	体は小さいが、バランスが良い。腱が発達し、蹄《ひづめ》も強い。動きが俊敏である。	山道が得意。高山の行軍で運搬用に使う。体重の三分の一の荷を運搬できる。

蒙古馬

八

戦船

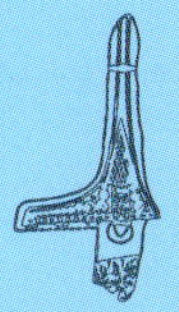

水戦は陸地での戦争の延長であり、河川がくまなく分布している中国の南方では、水戦が頻繁に行われた。最古の水戦は諸侯が争った春秋戦国時代に交わされたが、当時の戦闘用船舶はごく普通の水上運搬船にすぎなかった。戦争が高度化するにつれ、巨大な指揮船《しきせん》や軽快な突撃船《とつげきせん》など各種の戦船《せんせん》が登場する。南北が分裂していた時代、南方にとって北方の強力な騎兵軍団に対抗できるのは強大な水軍しかなかった。

楼船(ろうせん)

楼船《ろうせん》は大型の兵器、戦闘用具を搭載し、千名以上の兵士を収容できる巨大な戦船である。楼船は遠距離からは石や弓弩《きゅうど》を発射し、近距離では竿《かん》で敵に打撃を加え、さらには自身の重みで敵船を転覆させる、まさに戦船団の主力である。船上に楼閣を載せているような外観からこう呼ばれる。

楼船が登場したのは造船技術が進み、水戦の必要性が増した春秋晩期である。水路が縦横に走る当時の呉《ご》、越《えつ》、楚《そ》の各国では楼船が各種水戦の主力となった。

紀元前525年、呉と楚の長岸の戦いで、呉軍は大型の楼船「余皇《よこう》」を指揮船としていたが、楚に敗れ、「余皇」も奪われてしまった。後に呉は兵を楚に潜入させ、闇夜に乗じて楚の水軍を襲撃し、「余皇」の奪還に成功した。

紀元前522年、楚の大夫《たいふ》・伍子胥《ごししょ》が呉に亡命し、呉王・闔廬《こうりょ》と面会してこう述べた。「楼船とは、陸軍の楼車に相当するものでございます」。これが文献に残る楼船という言葉の初出である。

漢代に楼船は大発展の段階に達した。漢の武帝《ぶてい》は南越《なんえつ》の征服に備え、大型の楼船を数多く建造した。『史記《しき》』と『漢書《かんじょ》』の記載によれば、その高さは十余丈（23m）にも達し、三階または四階建てで、船室・女墻《じょしょう》（防御壁）・戦格《せんかく》（防御柵）など戦闘防御用の施設を備えている。楼船は船団の主力となるとともに、水軍の代名詞ともなった。そのため、漢代では水軍のことを楼船軍とも呼び、水兵を楼船士、水軍の指揮官を楼船将軍と呼んだ。

紀元前112年、武帝は楼船将軍・楊僕《ようぼく》と伏波《ふくは》将軍・路博徳《ろはくとく》に十万の兵を率いさせ、五手に分かれて南越《なんえつ》征伐に赴かせた。紀元前111年の冬、楊僕と路博徳は番禺《ばんぐう》城（現在の広東省中南部）に近い水上で合流した。彼らは戦船に搭載した戦砲と強力な弩《ど》を使用し、珠江《しゅこう》から猛攻をしかけた。その結果、世界海軍史上初の海軍船隊による水上からの城砦《じょうさい》攻略に成功した事例となったのである。

三国時代には呉が五層の楼船を建造した。船上には矛戈《ぼうか》を並べ、旗を掲げた姿は威風堂々、まさしく水上の要塞と呼ぶにふさわしいものだった。隋代初期の水軍には五牙艦《ごがかん》と呼ばれる大型の楼船が配備された。

北宋初期に編まれた『武経総要《ぶけいそうよう》』には楼船の図が載せられている。甲板上には三階の建物があり、各階の四周は人の背の半分くらいの女墻《じょしょう》で囲まれ、一階の周囲は木板の戦格《せんかく》で囲まれている。女墻《じょしょう》と戦格《せんかく》には剣や矛《ぼう》用の小窓があり、檑石《らいせき》（円柱状の石を倒す）や鉄刺《てつし》などの防御用兵器もあって攻守兼備の体裁を整えている。楼船の四角い船首に帆はなく、両側に数多くの艪《ろ》がある。

楼船を他の船と較べると動力不足の感は否めない。しかも船首が方形なので、機動力とスピードにも欠けている。また、楼船の漕ぎ手は甲板上に無防備でいるため、攻撃を受けやすい。

楼船は重心が高く、波風に対して抵抗力がないため、歴史的にみても、主要な水戦で楼船は河川または近海で活動している。なかでも有名なのが赤壁《せきへき》の戦いや西晋と呉の戦い、隋と陳の戦いなどである。宋元以降、楼船の運用やそれにまつわる記載は少なくなる。

漢代の楼船

漢代の各種舟艇

漢代に編成された巨大水軍船団には各種の舟艇が参加している。最前列の突撃用が「先登《せんとう》」、漕ぎ手が中にいる敵船襲撃用が「露橈《ろどう》」、馬のように高速で船体を赤く塗っているのが「赤馬船《せきばせん》」である。

先登《せんとう》

露橈《ろどう》

赤馬船《せきばせん》

楼船の構造

漢の劉熙《りゅうき》が著した『釈名《しゃくみょう》』には楼船の高層建築についての言及がある。「上の建物は廬《ろ》舎《しゃ》（休息用の小屋）のようなので廬《ろ》と呼ぶ。その上は飛廬《ひろ》。上方にあるからだ。そのまた上は爵室《しゃくしつ》。爵《しゃく》（スズメ）のように警戒の目を向けているからだ。」

帆《はん》（ほ）

『釈名《しゃくみょう》』にはすでに帆についての言及がある。つまり、漢初までに中国には帆を使って船舶を動かす技術が登場していたことになる。

舵《だ》（かじ）

船尾に舵をつける発明によって航行が安定し、操作性が向上した。1955年に広州で出土した漢代の陶船にも船尾に舵が設置されている。

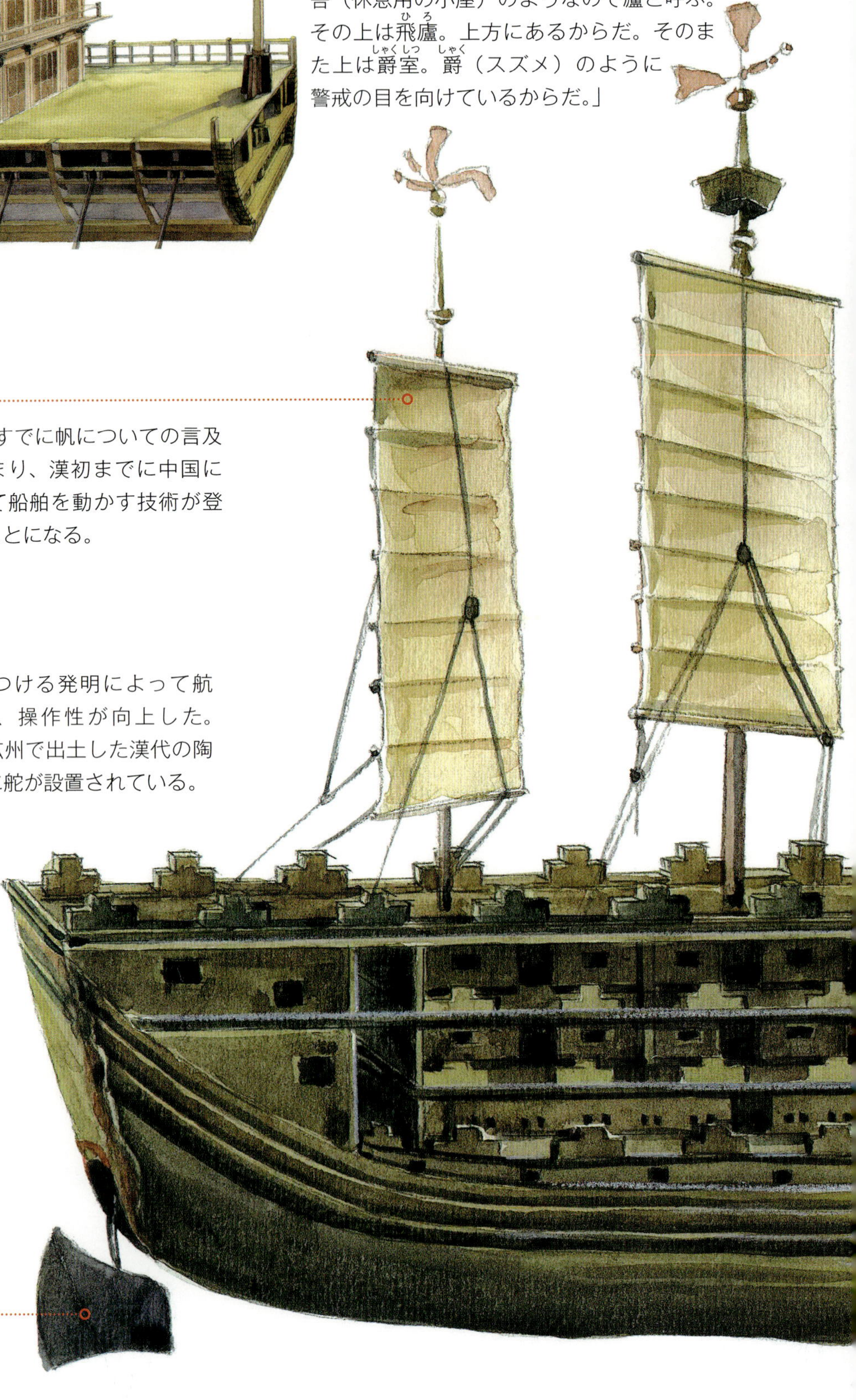

楼船《ろうせん》

呉を滅ぼした楼船船隊

蜀《しょく》を滅ぼしてから西晋は益州刺使《えきしゅうしし》・王濬《おうしゅん》が積極的に水軍の養成に取り組み、大型の楼船を建造して呉への攻撃に備えた。太康《たいこう》元年（280年）、王濬《おうしゅん》は兵を率いて呉を伐った。その水軍の主力である楼船の面積は「百二十歩四方」で、乗組員は二千余人、船上に「木造の城を築き、四方に門を開き」、「馬車が往来した」という。長江を下る西晋の楼船船隊は迫力満点であった。船隊は呉が仕掛けた鉄錐《てつすい》や鉄鎖《てっさ》といった障害物を難なく排除し、呉都に迫った。もはやこれまでと悟った呉王・孫皓《そんこう》は城門を開けて降伏し、呉は滅亡した。

唐の大詩人・劉禹錫《りゅううしゃく》は『西塞山懐古《せいさいざんかいこ》』詩でこう詠んでいる。※「王濬《おうしゅん》の楼船　益州《えきしゅう》を下り、金陵《きんりょう》の王気　黯然《あんぜん》として収む」

※王濬の楼船が益州を出発し　呉都・金陵の命運は尽きたも同然

鉤《こう》

水軍で使う鉤を「鉤強《こうきょう》」または「鉤拒《こうきょ》」「鉤鎌《こうれん》」「撩鉤《りょうこう》」と呼ぶ。交戦時に鉤で敵船を引き寄せたり押しやったりする。水戦では不可欠な重要兵器である。

錨《びょう》（いかり）

停泊用の道具である。鎖で船上から繋ぎ、停船を安定させる。当初は木の根っ子や岩を使ったが、次第に金属製になった。

蒙衝 (もうしょう)

艨艟《もうどう》とも呼ぶ。快速で知られる小型戦船である。船体が牛の生皮で覆われ（蒙《もう》）、敵船に突撃する（衝《しょう》）ためこう命名された。

牛皮は波浪に強く、防御性能にも優れている。前後左右に小窓があるので四方から弓《きゅう》弩《ど》の発射が可能であり、敵船との白兵戦《はくへいせん》も辞さない。蒙衝《もうしょう》は軽快な構造で、「敏捷に動くことで敵の不意をつく」役割があり、機動戦に適している。正史の『三国志《さんごくし》』には、赤壁《せきへき》の戦いで呉軍が「蒙衝《もうしょう》と闘艦《とうかん》数十艘に薪と油を載せ」、曹操《そうそう》の魏軍に突っこませて敵船を焼き払ったと記されている。

※なめしていない牛の生皮は撥水性があって波浪に強く、熱にも強いので火器の攻撃にも耐える特徴がある。

蒙衝《もうしょう》

闘艦《とうかん》

闘艦《とうかん》は蒙衝に似た小型戦船であり、サイズは蒙衝よりやや大きい。二層の女墻《じょしょう》で防御力を高めているが、牛皮は施されていない。接近戦での主力艦艇である。

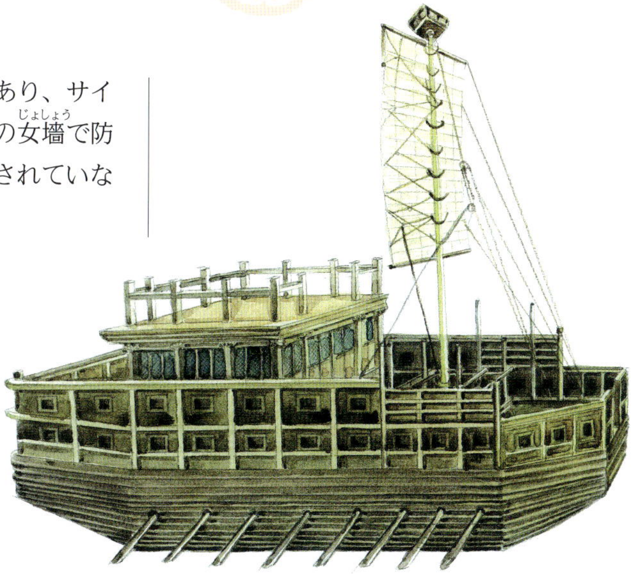

闘艦《とうかん》

走舸《そうか》

走舸《そうか》は軽快な高速船である。走舸《そうか》の作りはかなりシンプルで、漕ぎ手が多く兵は少ないが、勇猛な精鋭たちである。敵の不意をついて襲撃し、敵将を斬り、艦旗を奪うのが彼らの役目である。赤壁《せきへき》の戦いで、黄《こう》蓋《がい》は降伏を装って火を放ったが、薪を満載した船の後方に繋げておいたのが走舸《そうか》で、彼らはこれに乗り替えて撤退した。

走舸《そうか》

游艇《ゆうてい》

游艇《ゆうてい》は走舸《そうか》に似た高速艇であるが、さらに小型で小回りがきく。水上で「疾風のように動き回る」のが特徴である。戦闘用ではなく、偵察・監視・伝令・通信に使う。

游艇《ゆうてい》

海鶻《かいこつ》

海鶻《かいこつ》は海戦用の戦船《せんせん》である。姿が海鳥に似ていて、船尾が高く、船首が大きい。左右にある浮き板が鳥の翼を思わせる。波浪に強く、傾かない。牛皮で覆われ、牙旗《がき》（将軍旗）や金鼓《きんこ》（ドラと太鼓）を備えて戦船の体裁を整えている。

海鶻《かいこつ》

福船 (ふくせん)

福船《ふくせん》は明代の南海水軍の主力船であり、福建《ふっけん》沿岸で建造されたためこう呼ばれる。福船は高くそびえ立ち、船底が鋭角に尖り、船首と船尾は鎌首をもたげ、甲板の両側には護板を備える。船は四層に分かれ、最上層が戦闘用の空間である。

倭寇《わこう》と戦った明代の名将・戚継光《せきけいこう》は福船による海戦を得意とし、その経験を「福船は城のように大きく高い。人力ではとても動かせず、すべては風頼みである。倭寇の船はおおむね小さい。そこで福船は風に乗じて敵に突撃すれば、車がカマキリを踏み潰すように間違いなく勝利を収められる」と述べている。つまり、福船の勝利の鍵は高さを生かしてのしかかる突撃力にある。

福船は双舵《そうだ》を装備し、浅海も深海も航行できる。鄭和《ていわ》の西方への大航海の主力船であった宝船《ほうせん》は、福船の改良型である。

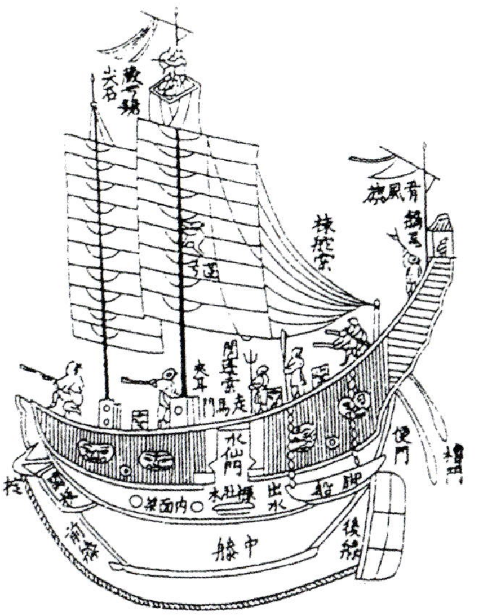

福船《ふくせん》

寧台温《ねいだいおん》（寧波《ねいは》・台州《だいしゅう》・温州《おんしゅう》）の大勝

明の嘉靖《かせい》40年（1561年）、戚継光《せきけいこう》は寧台温《ねいだいおん》の戦役で倭寇《わこう》に大勝した。

明代の福船

明代の『武備志《ぶびし》・戦船篇』の記載によれば、当時の福船には大から小まで六つの規格があったという。

一号は大福船《だいふくせん》。最大級の福船で、喫水《きっすい》（水面から船底まで）はかなり深く、6.6mに達する。機動性に欠け、風と潮まかせのきらいがあり、単独航行が難しい。

二号は福船《ふくせん》。一号よりやや小さいが姿は似ており、船底が狭く甲板が広い。喫水は約3.5m。船上には三層の建物があり、護板で護られている。交戦時は上から射撃して下にいる敵に大きなダメージを与える。

三号は哨船《しょうせん》。草撇船《そうへつせん》とも呼ぶ。両側を竹皮で覆う。攻撃または追撃に使う。

四号は冬船《とうせん》。海滄船《かいそうせん》とも呼ぶ。形態と性能は哨船と似通っているが、「哨船と冬船が沈没させられるのは小船だけ」である。風が弱くても航行できる。

五号は開浪船《かいろうせん》。鳥船《ちょうせん》とも呼ぶ。船首が尖り、風向きや潮流にかかわりなく航行できる。

六号は快船《かいせん》。鳥船と姿が似ているが、さらに小型である。

開浪船《かいろうせん》

冬船《とうせん》

哨船《しょうせん》

広船《こうせん》

広船《こうせん》は広東《カントン》で建造されたためこう呼ばれる。尖尾船《せんびせん》や大頭船《だいとうせん》もこのタイプに属する。広船は大型の尖底《せんてい》海船であり、硬いユソウボクで作られるので、杉材などで建造された船なら簡単に破砕する。しかし船底が鋭角に尖り上部が大きい船体構造のため、近海であれば安全に航行できるが、風浪の激しい遠洋航海はできない。広船にはフランキや火銃など高価な火器が装備されるうえ、ユソウボクは稀少な材料ということもあり、補修が難しい。費用のかさむ広船はそれほど多くは建造されなかった。

広船《こうせん》

蒼山船《そうざんせん》

蒼山船《そうざんせん》は蒼山鉄《そうざんてつ》とも呼ばれる。船体はやや小さいが高くそびえ、艪《ろ》が装備されている。順風では帆を使い、風がやめば艪を漕ぐ。軽快な動きが持ち味で、敵船を追撃するための戦船である。

総員は37名。船員が4名で、兵士が33名である。全体が三隊にわかれ、第一隊はフランキと鳥銃、第二隊は各種火器、第三隊は冷兵器を担当する。フランキ2門のほか、銃が7丁、弩《ど》が4張、火箭《かせん》が100本、弩箭《どせん》が100本配備されている。

蒼山船《そうざんせん》

車輪舸（しゃりんか）

車輪舸《しゃりんか》は別名車船。船側《せんそく》の両側に回転車輪をつけ、車軸で両輪をつなぐ。車軸には踏み板があり、それを乗員がこいで車輪を動かし、羽根が水をうって前へ進む仕掛けである。船の推進力を風力と人力に頼っていた時代に、車輪の回転原理で船を前進させるという着想は全く新しい試みであった。

車船については南北朝時代にすでに文献記録が残っている。車船に改良を加えて軍事領域に転用したのが唐代の李皋《りこう》である。

車船は宋代に全盛期を迎え、水戦に多く投入された。南宋代に楊麼《ようま》が洞庭湖《どうていこ》一帯で反乱を起こしたが、その水軍の主力が車船であった。南宋初期の車船には二つの欠点があった。ひとつは浅瀬を航行できないこと、もうひとつは海を航行できないことである。宋軍が楊麼《ようま》の車船に対した際にも、筏《いかだ》を浮かべて湖の港を封鎖し、湖面に青草をまいて動きを封じ、反乱を鎮圧した。

しかし、これ以降、宋軍も水戦に適した車船を大量に建造するようになった。紹興《しょうこう》31年（1161年）の采石礒《さいせきき》の戦いにおいて、淮南《わいなん》を席捲した完顔亮《かんがんりょう》の金軍が余勢を駆《か》って長江を南渡しようとした時、「飛ぶように動きの速い」南宋軍の車船に阻止された。南宋の車船は船上に楼を建て、拍竿《はくかん》（投石機）を装備していて強力な攻撃力を備えていた。しかも船側には護車板まであり、金軍はなす術もなく、金の南征の野望は潰《つい》え去ったのである。

車船の回転車輪の構造

車輪舸《しゃりんか》

九

城砦《じょうさい》 攻防兵器

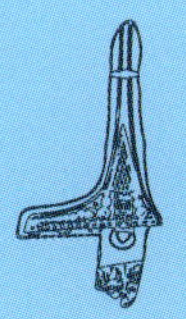

城壁《じょうへき》に囲まれた都市の誕生は人類が文明社会に到達した証であり、その基準である。都市の成立と同時に出現したのは都市を攻略する手段であった。それは都市を防衛する兵器も生み出した。都市をめぐる攻防の中で、古人は才知の限りを尽くしてさまざまな兵器を編み出した。

鉄蒺藜(てつしつれい)

俗に紮馬釘《さつばてい》とも呼ぶ。鋭い突起がついた鉄製の障害物で、構造はいたってシンプルである。普通、四本の突起があり、長さは4cmから5cmで、植物の蒺藜《しつれい》（ハマビシ）に似ていることからこう名付けられた。

鉄蒺藜《てつしつれい》を置く時には一本を上に向ける。敵が通りそうな小道や浅瀬に置き、人馬の脚を傷つけて敵軍の動きを遅らせるのが狙いである。携帯や散布、回収に便利なように、真ん中に穴を開けて縄を通すものもある。鉄蒺藜《てつしつれい》が戦争に用いられるようになったのはおよそ戦国時代からである。秦・漢代以降、その使用が広まり、軍隊が常備する防御用具となった。散布されるのは城壁や外堀、陣地の周囲である。

宋・明代になると種類も増え、使用法もより系統的になる。明代に著された兵法書『百戦庁略《ひゃくせんちょうりゃく》・歩戦篇』はこう述べている。「歩兵が敵の戦車や騎兵と戦う場合、必ず丘陵や険しい地形を利用しなければならない。だが、利用できる自然条件が無い時は拒馬《きょば》(174頁参照)と鉄蒺藜《てつしつれい》を設置するとよい。」

諸葛孔明《しょかつこうめい》と鉄蒺藜《てつしつれい》

世に名高い天才的軍事戦略家・諸《しょ》葛孔明《かつこうめい》にも鉄蒺藜《てつしつれい》にまつわるエピソードがある。建興12年（234年）8月、彼は五丈原《ごじょうげん》で病没した。総帥を失った蜀《しょく》軍は撤退を開始したが、魏《ぎ》軍の追撃を避けるため、長史・楊《よう》儀《ぎ》は諸葛孔明の生前の遺嘱《いしょく》に従い、大量の鉄蒺藜《てつしつれい》を撒いた。魏軍の総帥・司馬懿《しばい》は諸葛孔明の死を知って蜀軍を追走した。関中《かんちゅう》に到着した司馬《しば》懿《い》はその計略に気付き、三千の兵に平底の木靴を履かせて対策を講じたが、そうこうするうちに蜀軍は遠ざかってしまった。

蜀《しょく》の鉄蒺藜《てつしつれい》

馬を産出しない蜀は、鉄蒺藜《てつしつれい》を軍車類や弩《ど》と組み合わせる戦法で魏の騎兵に対抗した。現在の陝西《せんせい》省南西部の勉《べん》県近辺は三国時代の魏と蜀の古戦場であり、鉄蒺藜《てつしつれい》の類の兵器がよく出土する。

西夏《せいか》の褐釉磁蒺藜《かつゆうじしつれい》

蒺藜《しつれい》には竹や木材、陶磁を素材としたものがあり、様式も多彩である。西夏《せいか》の磁器製蒺藜《しつれい》は球形で拳ほどの大きさだが、平らな底以外にはとげ状の突起がたくさんあり、転がりにくい。敵の軍馬がこれを踏めば、人馬もろとも横転する仕掛けである。

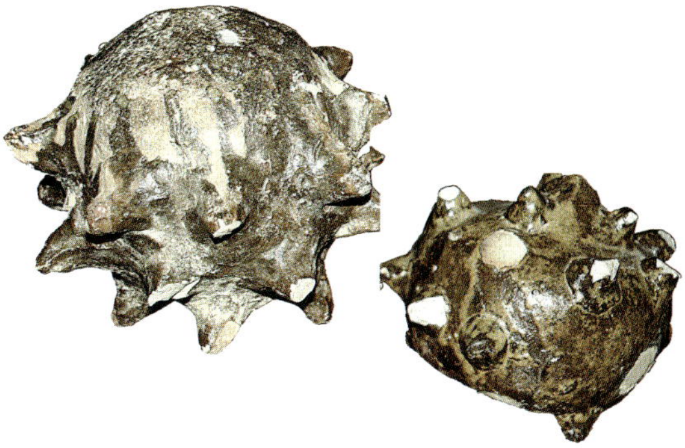

陥馬坑（かんばこう）

陥馬坑《かんばこう》とは防御用の仕掛けであり、落とし穴である。原始時代から落とし穴を使った狩が行われてきたが、それが軍事目的に転用されたわけである。敵の人馬や車輌を落とし穴にはめるのが狙いである。

『水滸伝《すいこでん》』に登場する梁山泊《りょうざんぱく》序列第七位の好漢、霹靂火《へきれきか》こと秦明《しんめい》も宋江《そうこう》の落とし穴にはまって捕らえられたことがある。

陥馬坑《かんばこう》には蒺藜《しつれい》や拒馬《きょば》同様に充分な殺傷力がある。唐代の李靖《りせい》『李衛公兵法《りえいこうへいほう》・攻守戦具』に「陥馬坑は長さ五尺、幅は一尺、深さは三尺。穴には鹿角槍《ろくかくそう》や竹簽《ちくせん》を仕込み、草や砂で上を覆う」とあるように、落とし穴には鋭利な刃物が待ち受けている。

陥馬坑《かんばこう》（版画）

拒馬(きょば)

拒馬《きょば》は持ち運び可能な障害物で、木の棒を組み合わせて作る。その尖端には刃や穂先のある武器が装備され、敵の人馬の行動を抑止し遅らせる効果があるが、それ自体にも一定の殺傷力があり、自陣を守り、防衛線を張るうえでも重要な兵器である。

明代に編纂された『古今事物考《ここんじぶつこう》』が「拒《きょ》馬《ば》は三代に始まる」と述べて以来、拒馬《きょば》は夏・殷・周の三代の頃よりあったと考えられてきた。『墨子《ぼくし》・備蛾傅《びがふ》篇』には、城塁を守るには城壁の外に先を尖らせた杭を埋め込む。その長さは五尺あり、狼の牙のように交差させて五列に配置するとある。この例などはごく初期の拒馬と言えるだろう。

南朝の梁代に景侯が反乱を起こして梁都・建康《けんこう》を包囲した際、城壁の外周に大量の拒馬が設置された。これは城中からの逃亡を阻止すると同時に、補給を断ち、援軍の進入を食い止めるためであった。

唐代には拒馬槍《きょばそう》が登場した。円い木柱に十字に穴を開け、先端に鋭利な穂先をつけた槍状の棒を通したもので、城門や大通りの入り口など交通の要衝《ようしょう》に立て、人馬の通行を制限した。姿が鹿の角に似ているので、鹿角槍《ろくかくそう》とも呼ばれる。明代の『紀効新書《きこうしんしょ》』には三本の槍を一つに束ねる方式の拒馬《きょば》について記載があり、一小隊に六つの拒馬が配備されていた。この種の小型拒馬は携行に便利であるが、敵に抜かれないようにしっかりと埋める必要がある。明代にはほかに遠駄固営拒馬槍《えんだこえいきょばそう》と呼ばれるものもあり、不用時には分解でき、運搬しやすかった。

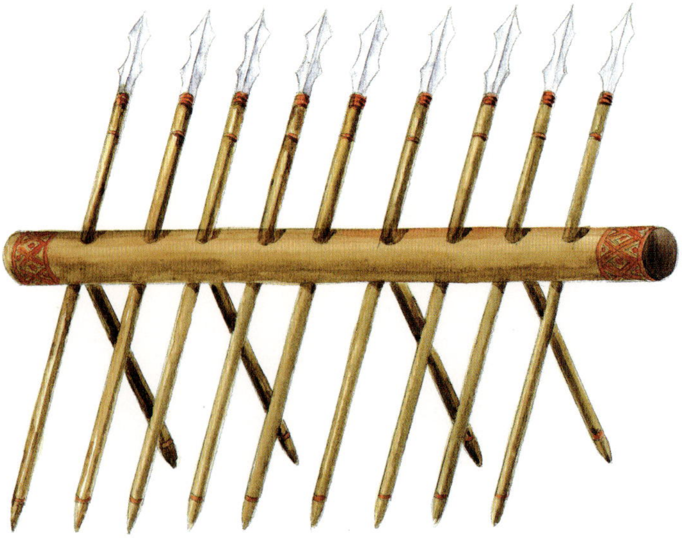

大拒馬槍《だいきょばそう》

拒馬《きょば》を設置した軍隊の宿営

狼牙拍(ろうがはく)

狼牙拍《ろうがはく》は回収型の守城兵器である。『武《ぶ》経総要《けいそうよう》』によれば、狼牙拍《ろうがはく》は縦が五尺（宋代の一尺は31.2cm）、横が四尺五寸で、厚さ三寸の楡《にれ》の木板に長さ五寸、重さ六両（宋代の一両は37.3g）の狼牙釘《ろうがてい》を2200本積み、四周に刃をつけて殺傷力を強化している。城壁に迫る敵軍にこれを落とし、重みと釘と刃で相手を殺傷する。狼牙拍には鉄環が四つあり、これに麻縄を通し、攻撃が終わった後に回収する。

狼牙拍《ろうがはく》

檑《らい》

檑《らい》は守城側が城壁の高さを利用して攻城側を攻撃する装置であり、重い物体を投げ落として敵を殺傷するものである。檑《らい》の種類は数多く、文献には木檑《もくらい》、泥檑《でいらい》、磚檑《せんらい》、車脚檑《しゃきゃくらい》、夜叉檑《やしゃらい》などが記載されている。

木檑《もくらい》は最も普及した檑《らい》で、鉄釘や尖った刃物など鋭利な物体を打ち付けた巨大な丸太である。泥檑《でいらい》と磚檑《せんらい》はともに粘土を加工して作るが、殺傷力は木檑に及ばない。

檑《らい》の材料は入手しやすいが、実戦での消耗が激しい。持久戦になった場合、城内で原料を確保することは難しい。そこで登場したのが回収可能な車脚檑《しゃきゃくらい》と夜叉檑《やしゃらい》である。

車脚檑《しゃきゃくらい》と夜叉檑《やしゃらい》はともに縄で巻き上げ機につながり、投下した後に回収できる仕掛けになっている。車脚檑《しゃきゃくらい》は車輪の形状をしており、夜叉檑《やしゃらい》は両端に輪を付けている。どちらも檑《らい》本体と城壁が接触するのを避けるためであり、すみやかに回収するための工夫でもある。

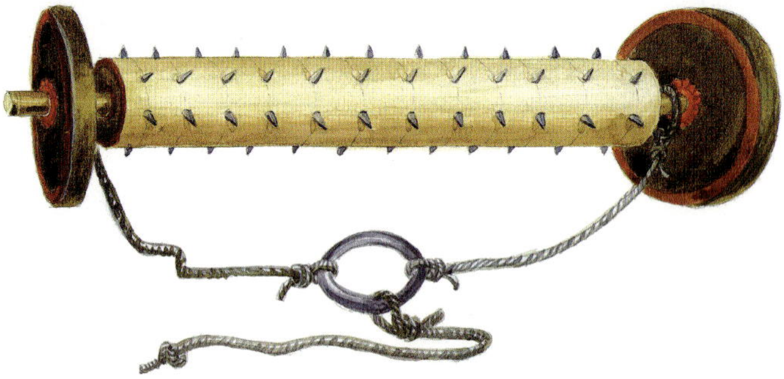

夜叉檑《やしゃらい》

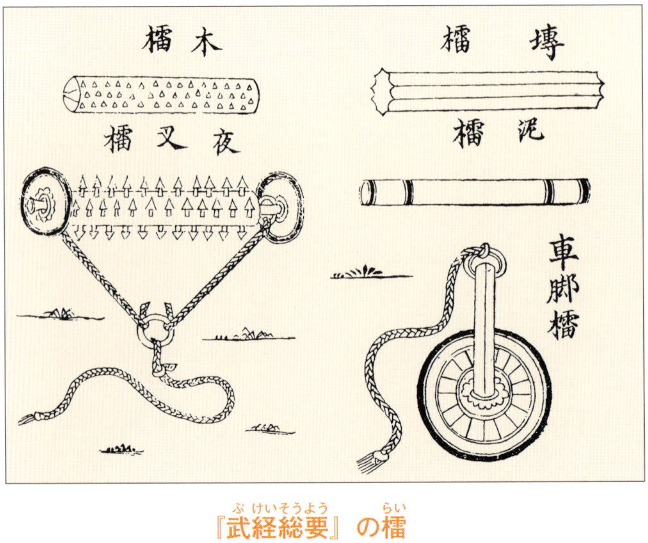

『武経総要《ぶけいそうよう》』の檑《らい》

猛火油櫃（もうかゆき）

猛火油櫃《もうかゆき》は石油を燃料とする火炎放射器である。中国で石油ははじめ「石漆《せきしつ》」と呼ばれ、唐代には「石脂水《せきしすい》」、五代には「猛《もう》火油《かゆ》」と呼ばれた。猛火油櫃《もうかゆき》の登場は宋代頃である。その構造と原理は現代の火炎放射器と大して変わらないが、大きくて重い装置であるため、城壁に据え付けて、もっぱら守城用として使う重要兵器になった。また、水戦でも敵船を焼き払うために使われた。

注碗《ちゅうわん》

杓《しゃく》

篩《ふるい》

横筒に棒を挿入する。
先端に点火装置（火楼《かろう》）を装着。
中から銅管が通じている。
本体は四本脚で、燃料（石油）を貯蔵する箱である。
火罐《かかん》の中に烙錐《らくすい》（金属製の道具）を入れて加熱しておく。

猛火油櫃《もうかゆき》

火炎を放射する時は、まず火薬を火楼《かろう》に詰め、火罐《かかん》で加熱しておいた烙錐《らくすい》で点火する。点火を確認したら棒を引き、燃料箱から石油を吸い上げる。次に棒を押して石油を噴射させる。石油は火楼を通過する時に発火し、火炎が放射される。

幔《まん》（まん）

幔《まん》は城をめぐる攻防戦で防御に用いられる大型の盾とみなせる。幔は竹木製と布製に大別できる。

竹木製の幔《まん》はサイズが大きく、攻城側が敵から発射される箭《せん》や石弾を防御するための兵器であり、城壁に肉薄した時や坑道の入り口での防御に使われる。布製の幔は麻縄で分厚く編んで作られる。城壁に配備され、守城側が敵の発射する箭や石弾を防御するために使われる。布幔《ふまん》は固定せず、木の竿に吊るされたままである。敵の射撃は布幔《ふまん》によって威力が落ち、箭矢《せんし》の方向もずれるので、後方の兵士を効果的に防御できる。敵兵が城壁を登ってきた時、布幔《ふまん》を垂らして攻撃を殺《そ》ぐこともできる。

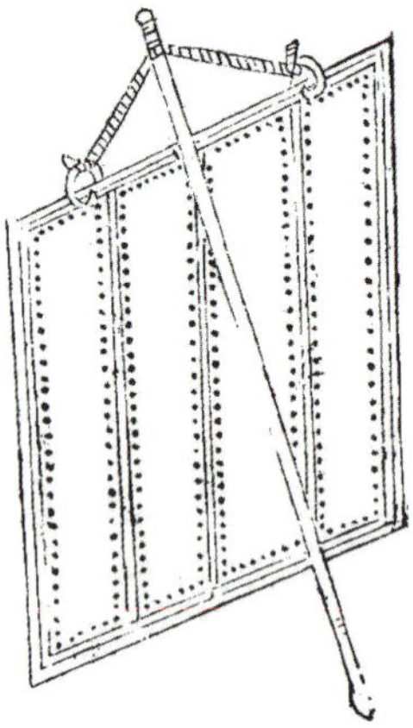

布幔《ふまん》

546年、東魏《とうぎ》の高歓《こうかん》が北周《ほくしゅう》の玉壁《ぎょくへき》城を包囲し、二度攻略を試みて失敗した。そこで高歓は攻城車を製造し、再度攻略にかかった。この攻城車は路上のあらゆる障害物を突破し、城壁に迫った。北周側の守将・韋孝寛《いこうかん》は兵に命じて布で幔《まん》を作らせ、攻城車の行く手に置いた。それまで堅牢な防御装置をすべて突破してきた攻城車も宙を舞う布幔《ふまん》にはお手上げで、前進を阻まれた。

竹幔《ちくまん》

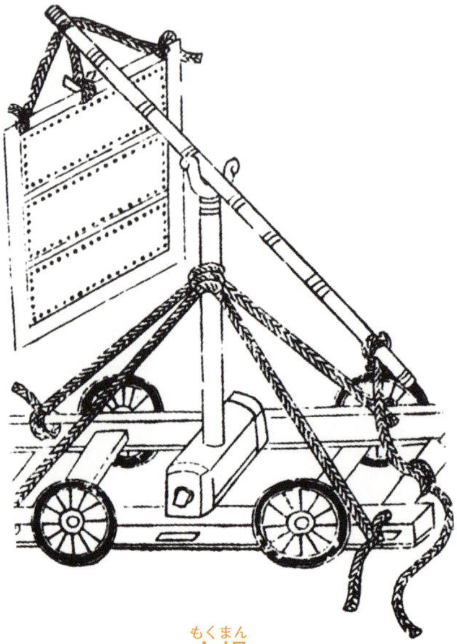

木幔《もくまん》

塞門刀車 (さいもんとうしゃ)

城門が破られても、守城側にはまだいくつか応急策がある。塞門刀車《さいもんとうしゃ》はその一つである。

塞門刀車について、『武経総要《ぶけいそうよう》』はこう述べている。塞門刀車とは硬質の大木で作られた二輪車である。その幅は城門の幅で決まる。前方に板を立て、鋭利な刃物を埋め込む。平時は城門の脇に置き、城門が破られたら移動させ、車の運動力を借りて敵の進撃を食い止め、城門を封鎖する役割を担う。

塞門刀車は要塞の防御や、市街戦での道路封鎖にも使用される。

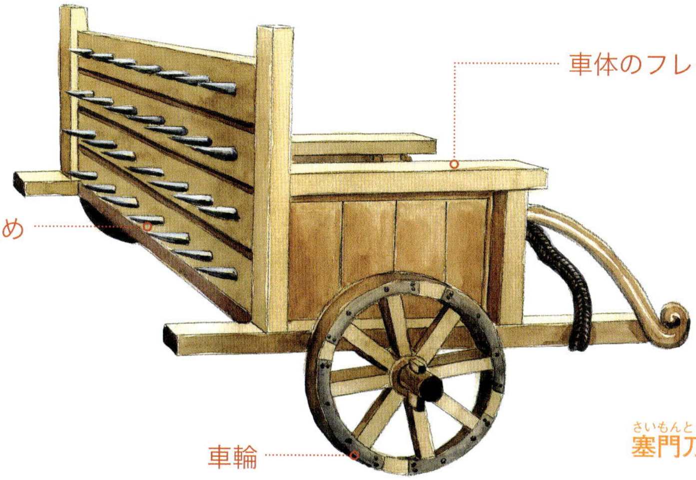

車体のフレーム
鋭利な刀類を埋め込んだ立板
車輪

塞門刀車《さいもんとうしゃ》

地聴 (ちちょう)

地聴《ちちょう》は守城側が敵のたてる音の位置と方向を探索する器材であり、甕聴《おうちょう》とも言う。『墨子《ぼくし》・備穴《びけつ》篇』はこう述べている。戦国時代、守城側は敵軍がトンネルを掘ってくるのを検知するため、井戸を掘り、底に薄い牛皮を張った甕《かめ》を置き、そこに耳をあてて敵の動静をうかがった。敵がトンネルを掘っていると、その物音が甕《かめ》に共振し、掘削の方向と速度が判明する。それによって守城側は対抗策や防御策を講じることができる。

地聴《ちちょう》

城門と消防機材

城門は城をめぐる攻防戦の要衝である。城門の陥落はほぼ守城側の敗北を意味する。城門には硬質で分厚い木材を使用し、垂直に立つ門柱と梁は鉄輪で補強し、表面を鉄板で覆って鉄釘を打ちつけた。戦時には敵に焼かれるのを防ぐため、門に泥を塗った。内応者が出て開門するのを防ぐため、門の閂《さん》（かんぬき）には鎖をつけて厳重に封鎖する。墨家《ぼくか》はとりわけ城門防衛の重要性を説いた。すなわち、城門に小窓を開け、ひとまず鉄板で蓋をしておき、敵が接近または城門の破壊に取りかかった時に小窓から弓弩《きゅうど》を発射し、矛《ぼう》や戟《げき》で攻撃せよと主張した。攻城側は城門に焼夷弾を投げるのが定石である。そのため城門の楼には貯水施設を設け、いつでも消火できるようにしなければならない。消防機材は主に牛馬などの毛皮で作った水袋と豚や牛の胎盤で作った水嚢《すいのう》である。

水嚢《すいのう》

城門

壕橋（ごうきょう）

壕橋《ごうきょう》は城の壕（外堀）を渡るための攻城用の装置である。壕橋の登場は宋代頃であり、従来の壕を埋める作業が省略できるようになった。壕橋《ごうきょう》には太くて硬い木材が使われ、下に車輪をつけている。『武経総要《ぶけいそうよう》』に「押して壕に入れ、車輪が落ちると橋が平らになって渡れる」とあるように、壕《ごう》橋《きょう》の使用時に車輪は宙に浮いていることになる。しかし、壕の幅が壕橋《ごうきょう》より長い場合、車輪は壕に落ちて橋脚の役割を果たす。そのため、車輪のサイズはきわめて大きい。さらに壕の幅が非常に大きい場合は、折り畳み式の壕橋《ごうきょう》を使用し、「二つの壕橋をつなげ、間に回転用の軸を通す」。使い方は壕橋《ごうきょう》と同じである。

壕橋《ごうきょう》による渡河《とか》

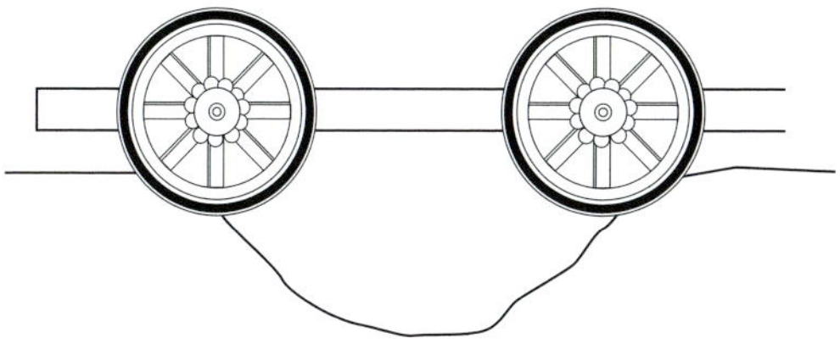
壕橋の使い方

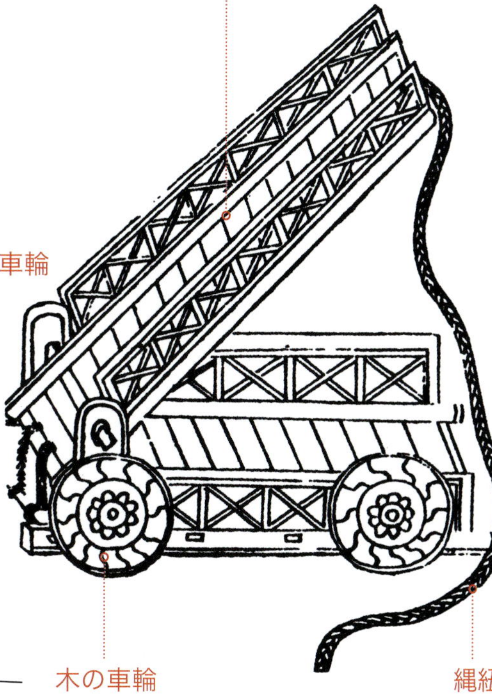

折り畳み式の壕橋《ごうきょう》

望楼（ぼうろう）

望楼《ぼうろう》とは高く登って敵情を偵察する車輌であり、楼車《ろうしゃ》とも言う。唐代の杜佑《とゆう》が著した『通典《つてん》』の記載によれば、車体は木製で四つの車輪があり、移動可能である。竿が立ち、たくさんの踏み板があって哨戒《しょうかい》（見張り）する兵士が昇り降りする。竿にはたくさんの縄が結わえられ、輪のついた鉄の楔《くさび》で地面に固定されている。竿の上部に望《ぼう》楼《ろう》を設置し、回転しながら四方を監視する。

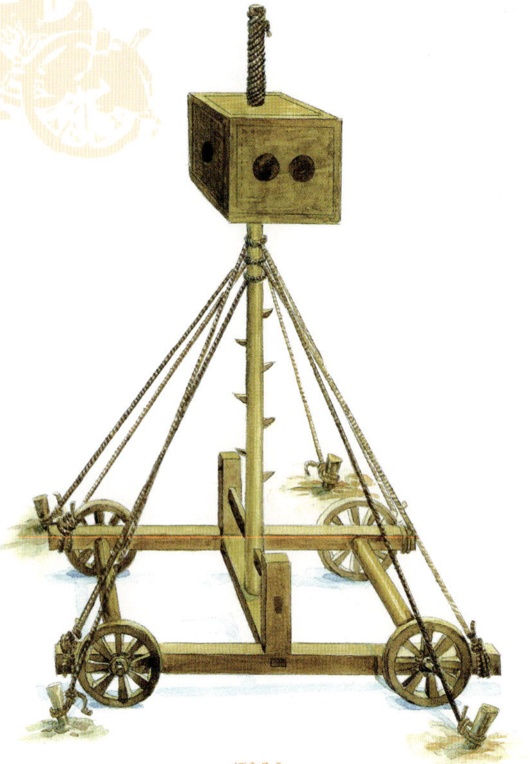

望楼《ぼうろう》

撞車（どうしゃ）

撞車《どうしゃ》は城の攻防戦で使われる兵器であり、撞錘《どうすい》や撞柄《どうへい》などいくつかのパーツで構成される。撞錘の多くは鉄製で、攻城側が城門や城壁にぶつけて壊す時に使う。守城側にとっても、雲梯《うんてい》（187頁参照）に対応する時に有効な武器である。

横軸
立柱
撞錘《どうすい》
太くて大きい。先端は矛の形。厚い鉄板で覆う。
底盤
車輪

撞車《どうしゃ》

巣車(そうしゃ)

巣車《そうしゃ》は高所から敵情を観察するための車輌である。『通典《つてん》』はこう述べている。巣車は八輪車で押して移動できる。車上に二本の柱が立ち、柱の上部に滑車が取り付けられている。この滑車を使って木製の小屋を吊り上げる。攻城の際にこの小屋に兵士が入り、敵情を観察する。

敵の射撃による破壊を防ぐため、小屋は牛皮で覆われている。高く吊り上げられた小屋は遠目に鳥の巣のように見えるため、巣車《そうしゃ》と命名された。

巣車《そうしゃ》は古く春秋時代にすでに登場している。紀元前575年の鄢陵《えんりょう》の戦いの時、楚の共王《きょうおう》は太宰《たいさい》・伯州犁《はくしゅうり》の付き添いのもと、みずから巣車《そうしゃ》に登って敵情を視察した。

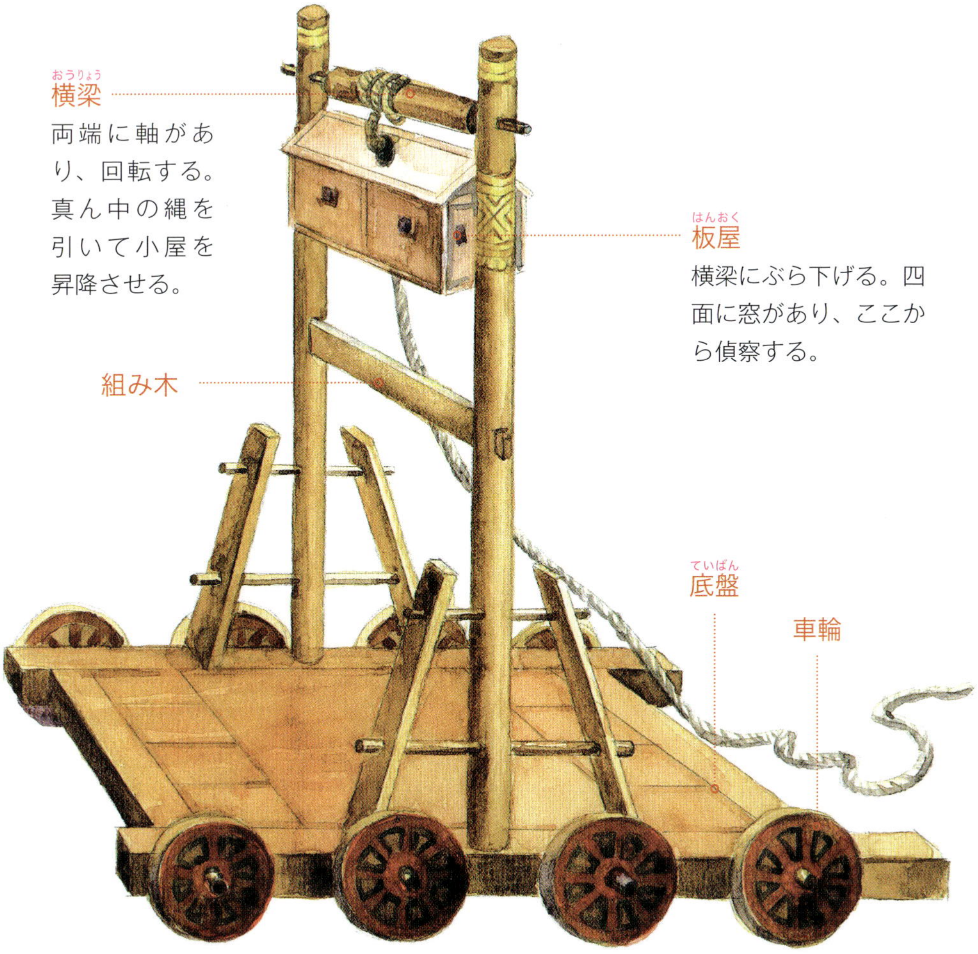
横梁《おうりょう》
両端に軸があり、回転する。真ん中の縄を引いて小屋を昇降させる。
板屋《はんおく》
横梁にぶら下げる。四面に窓があり、ここから偵察する。
組み木
底盤《ていばん》
車輪

巣車《そうしゃ》

東京《とうけい》防衛戦

宋の宣和《せんな》７年（1125年）、金軍が南下して宋に侵攻し、国都東京《とうけい》（現在の河南省開封《かいほう》）を包囲した。欽宗《きんそう》は李綱《りこう》に命じて東京防衛の任にあたらせた。李綱は軍民を組織し、万全の防衛措置を用意して金軍を待ち受けた。攻城に挑んだ金軍は大きな損害を受け、ひとまず東京攻略を断念して撤退した。

轒轀車《ふんおんしゃ》

轒轀車《ふんおんしゃ》は城壁に近付く兵士を護る攻城用の装置であり、戦乱が続いた春秋戦国時代に登場している。『通典《つてん》』によれば、轒轀車《ふんおんしゃ》は四輪で、縄で天井の梁《はり》を作り、全体が牛皮で覆われている。10名を収容し、車に床はなく、兵士が中で歩いて車を城壁まで前進させる。

宋代の『武経総要《ぶけいそうよう》』には尖頭木驢《せんとうもくろ》と木牛《もくぎゅう》車《しゃ》という二種類の攻城装置が紹介されているが、その機能から轒轀車《ふんおんしゃ》の類と言ってよいだろう。尖頭木驢《せんとうもくろ》は屋根が鋭角で守城側からの物体の投下に強く、六輪車なので従来の轒轀車《ふんおんしゃ》より安定性に優れている。木牛車については「硬く厚い板で箱を組み、牛皮で覆い、下に四輪をつけ、中から押して進む」と述べているように、シンプルなつくりではあるが、より強化された轒轀車《ふんおんしゃ》とみなせるだろう。

車体
全体を牛の生皮で覆う。
防護板
燃えにくい牛皮で覆う。
車輪

雲梯(うんてい)

　雲梯《うんてい》は攻城戦で城壁をよじ登るため、または敵情を偵察するために使用された装置である。雲梯は古く殷・周の時代から登場していたが、春秋時代に天才職人・魯班《ろはん》（公輸班《こうしゅはん》）が改良を加え、車輪と梯《はしご》本体と鉤《こう》という基本的構造が確定された。兵器が発達した宋代に雲梯《うんてい》にも大きな改良が加えられ、まず車体部分の防御能力が高まった。車廂《しゃしょう》（車体）は太い木で底板と立柱を組み、外を分厚い牛皮で覆った。車には六輪を装備し、車廂《しゃしょう》の中の兵が人力で移動させることで、城に接近する時の人員の損耗を軽減させた。

　梯《はしご》は間に回転軸を備えた「主」と「副」二つの折り畳み式構造で、高度を下げている。攻城の際には副梯を伸ばして城壁にかける。これによって敵前で梯《はしご》をかける危険を少しでも減らし、梯《はしご》を破壊されるリスクを減らしている。副梯の先端には城壁に引っかける鉄製の鉤《こう》が装着されている。梯《はしご》には太い縄を結わえ、これで角度を調節する。雲梯《うんてい》の改良によって、城壁の攻略はより簡単、迅速になった。

　しかし、明代以降、巨大な雲梯《うんてい》は火器の攻撃には耐えられず、徐々に姿を消していった。

雲梯《うんてい》

　雲梯による攻城は強攻作戦であり、なるべく早く城壁の上まで到達しなければならない。構造を単純にして重量を減らすため、多くは木材や竹で製作されている。

縄
梯の角度を調節する。
鉤《こう》
攻城用の梯には多彩な鉤がある。

抛石機 (ほうせきき)

抛石機《ほうせきき》は梃子《てこ》の原理を応用して石弾を発射する長距離射撃兵器であり、砲《ほう》とも呼ぶ。遅くとも春秋末期には登場し、漢から唐にかけて度々使用され、宋代に大きく発達して種類も威力も増した。抛石機は機動性に欠けるので、主に城の攻防戦で使用された。

守城側が使用する時は城壁の上には置かず、観測者が照準を定めて城内から発射し、敵の大型攻城兵器や装置を制圧し、破壊した。

宋代末期の騎兵を主力とする北方遊牧民族は野戦を得意としたが、攻城戦の分は悪かった。後に、彼らも抛石機を使用することで局面を打開することになった。

その後、火器が大量に使用されるようになり、抛石機《ほうせきき》は火薬で発射される火砲に席を譲ることになった。

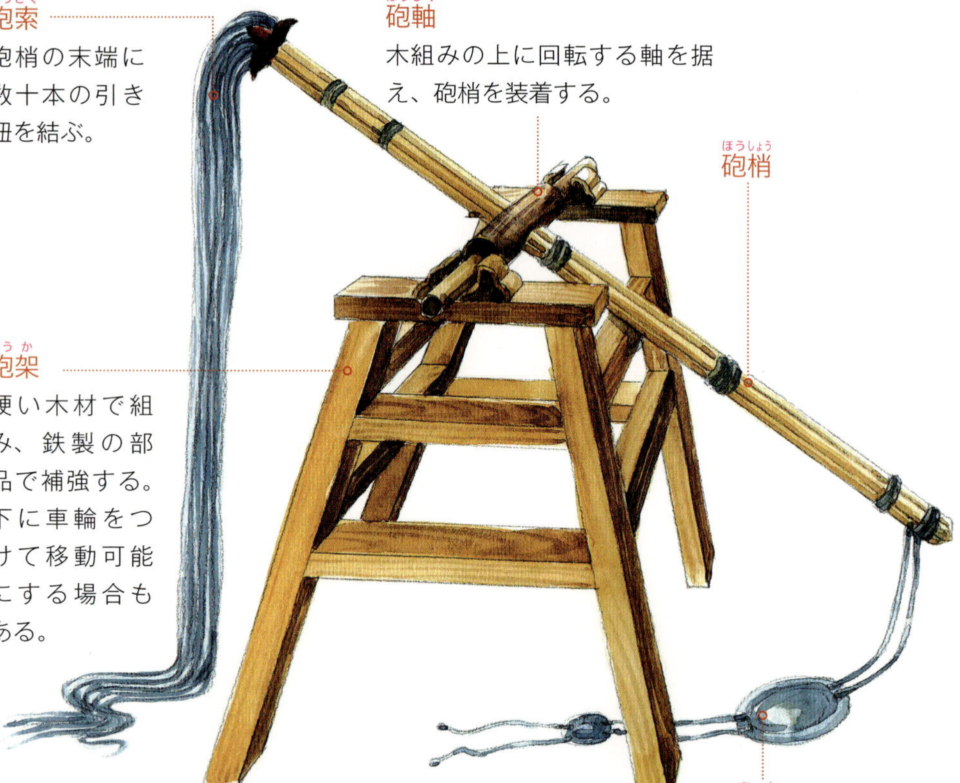
砲索《ほうさく》
砲梢の末端に数十本の引き紐を結ぶ。
砲軸《ほうじく》
木組みの上に回転する軸を据え、砲梢を装着する。
砲梢《ほうしょう》
砲架《ほうか》
硬い木材で組み、鉄製の部品で補強する。下に車輪をつけて移動可能にする場合もある。
皮窩《ひか》
砲梢の先端に石弾を装填した皮袋を縄で結わえる。

抛石機《ほうせきき》

発射する前は、片方を地面につけ斜めに置く。石弾を皮袋に装填し、兵が砲索を猛然と下に引く。すると梃子《てこ》が働き、石弾が発射される。

宋代の旋風車砲《せんぷうしゃほう》

初期の抛石機《ほうせきき》の木組みは固定式で発射方向の変更がすぐにはできない。そこで支点が回転し、方向転換が容易な旋風砲《せんぷうほう》が生まれた。さらに旋風砲を車上に載せた旋風車砲も登場し、機動力が向上した。

旋風車砲《せんぷうしゃほう》

襄陽砲《じょうようほう》

襄陽砲《じょうようほう》は重りが落下する力で発射する抛石機であり、人力に頼る当初のものから大きな進歩をとげている。まず、砲索《ほうさく》を引く人員を減らせ、操作に熟練した兵員だけで非常に重い弾丸を発射できるようになった。さらに重りの重量を調節することで射程と発射精度が向上した。

襄陽砲《じょうようほう》は西アジアの発明で、はじめは回回砲《かいかいほう》と呼ばれた。中国で最初に使われたのは南宋の末年にモンゴルの大軍が襄陽を攻略した時である。守将・呂文煥《りょぶんかん》の指揮のもと襄陽城は五年持ちこたえていた。元の世祖・フビライは巨大な弾丸が発射できる回回砲を作らせ、ついに襄陽城を攻略した。襄陽の陥落によって元軍は一気に南下し、南宋は滅亡した。

官渡《かんと》の戦い

後漢の末年（200 年）に曹操《そうそう》と袁紹《えんしょう》が官渡《かんと》で戦い、膠着状態に陥った。袁紹は城外に築山《つきやま》をこしらえ、高台から弩箭《どせん》を発射した。それに対し曹操は「霹靂車《へきれきしゃ》」を動員して石弾を発射し、袁軍の高台をすべて破壊し、大勝利を収めた。

参考資料：

◆古典兵学・兵法書類
（宋）曽公亮・丁度『武経総要』，（明）戚継光『紀効新書』（商務印書館、1936），（明）戚継光『練兵実記』（商務印書館、1936），（明）宋応星『天工開物』（中国社会出版、2001、邦訳は平凡社・東洋文庫 130），（明）茅元儀『武備志』（上海古籍出版社、1995），（清）魏源『聖武記』（中華書局、1975），『武経七書』（訳注本・中華書局、2007）

◆近年の兵学研究書類
周緯『中国兵器史稿』（三聯書店、1957），楊泓『中国古兵器論叢』（文物出版社、1980），李少一・劉旭『干戈春秋——中国古兵器史話』（中国展望出版社、1985），『中国軍事百科全書』（軍事科学出版社、1987），劉旭『中国古代火炮史』（上海人民出版社、1989），成東・鍾少異『中国古代兵器図集』（解放軍出版社、1990），陸敬厳『中国古代兵器』（西安交通大学出版社、1993），周世徳『雕虫集——造船・兵器・機械・科技史』（地震出版社、1994），王兆春『中国古代兵器』（商務印書館、1996），陸敬厳『図説中国古代戦争戦具』（同済大学出版社、2001），郭建『金戈鉄馬』（長春出版社、2004），楊泓『古代兵器通論』（紫禁城出版社、2005），秦彦士『軍事与墨家和平主義』（人民出版社、2008），ジョゼフ・ニーダム『中国の科学と文明』（邦訳は思索社）

訳者紹介：
中川 友（なかがわ　とも）
1955 年生まれ。
著訳書に
『書聖名品選集全 20 巻』（マール社）
『書法入門シリーズ全７巻』（マール社）
『古典に学ぶ水墨画全４巻』（二玄社）
『黒社会 中国を揺るがす組織犯罪』（草思社）
『中国の嘘』（扶桑社）など多数。
（有）筆桃代表。東京都市大学講師。

図説　中国の伝統武器

2011 年 6 月 20 日　第 1 刷発行

編　著　者　伯 仲《ボー・チョン》
訳　　　者　中川《なかがわ》友《とも》
発　行　者　山崎 正夫
印刷・製本　シナノ印刷株式会社
発　行　所　株式会社マール社
〒 113-0033
東京都文京区本郷 1-20-9
TEL 03-3812-5437
FAX 03-3814-8872
URL http://www.maar.com/

ISBN978-4-8373-0632-0　　Printed in Japan

カバーデザイン：角倉 一枝（マール社）